中1理科

実力アップ問題集

文英堂編集部 編

EXERCISE BOOK | SCIENCE

文英堂

この本の特長

実力アップが実感できる問題集です。

1 初めの「重要ポイント/ポイント一問一答」で，定期テストの要点が一目でわかる！

2 「3つのステップにわかれた練習問題」を順に解くだけの段階学習で，確実にレベルアップ！

3 苦手を克服できる別冊「解答と解説」。問題を解くためのポイントを掲載した，わかりやすい解説！

標準問題

定期テストで「80点」を目指すために解いておきたい問題です。

蓋がつく 解くことで，高得点をねらう力がつく問題。

カンペキに
仕上げる！

実力アップ問題

定期テストに出題される可能性が高い問題を，実際のテスト形式で載せています。

基礎問題

定期テストで「60点」をとるために解いておきたい，基本的な問題です。

重要 みんながほとんど正解する，落とすことのできない問題。

ミス注意 よく出題される，みんなが間違えやすい問題。

基本事項を
確実におさえる！

重要ポイント / ポイント一問一答

重要ポイント 各単元の重要事項を1ページに整理しています。定期テスト直前のチェックにも最適です。

ポイント 一問一答 重要ポイントの内容を覚えられたか，チェックしましょう。

❶身近な生物の観察と分類のしかた

重要ポイント

① 身近な生物の観察

☐ **スケッチのしかた**…細い線ではっきりかき，かげをつけたり線を重ねたりしない。

☐ **ルーペの使い方**…ルーペと目は，近づけたままにする。ルーペで太陽を見てはいけない。

観察するものを
前後に動かす

顔とルーペを
動かす

動かせる

動かせない

☐ **双眼実体顕微鏡**（そうがんじったいけんびきょう）…拡大して立体的に観察する器具。

☐ **植物の生えている場所**…日当たりと湿り気（しめ）によって生えている植物が異なる。

・日当たりがよい場所…タンポポ，カタバミ，セリ，オオイヌノフグリなど。
　　　　　　　　　　　└→かわいた場所に生える。　　└→湿った場所に生える。

・日当たりが悪い場所…ドクダミ，ゼニゴケなど。
　　　　　　　　　　　└→湿った場所に生える。

② 水中の小さな生物

☐ **プレパラートのつくり方**…観察するものをスライドガラスの上にのせてから水をたらし，空気のあわ（気泡）（きほう）を入れないように静かにカバーガラスを下ろす。
　　　　　　　　　　　　　　　　　└→カバーガラスからはみ出した水は，ろ紙で吸いとる。

☐ **顕微鏡の使い方**
　　└→直射日光が当たらない明るいところに置いて使う。

①対物レンズを最も低倍率にし，
　└→レンズは，接眼レンズ，対物レンズの順につける。
反射鏡の角度としぼりを調節し
└→明るさを均一にする。└→明るさを調節。
て，視野全体を明るくする。

②対物レンズとプレパラートを遠

ざけながらピントを合わせる。
└→まず，対物レンズとプレパラートを近づけておく。

③顕微鏡の倍率＝接眼レンズの倍

率×対物レンズの倍率

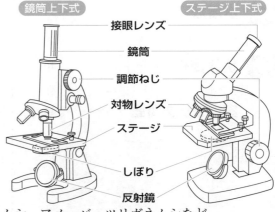

鏡筒上下式　　　　　　ステージ上下式

接眼レンズ
鏡筒
調節ねじ
対物レンズ
ステージ
しぼり
反射鏡

☐ **水中の小さな生物**

①活発に動く生物…ミジンコ，ゾウリムシ，アメーバ，ツリガネムシなど。

②緑色の生物…アオミドロ，ハネケイソウ，ミカヅキモなど。
　　└→葉緑体をもっていて，自分で栄養分をつくる。

●ルーペは目に近づけたままにして使うことがポイント。
●植物が生えている場所と日当たりや湿り気との関係を理解しておこう。
●プレパラートのつくり方をおぼえておこう。

ポイント 一問一答

① 身近な生物の観察

□ (1) スケッチのしかたが正しいのは，次の**ア**，**イ**のどちらか。

ア 　　　イ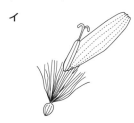

□ (2) 動かせるものをルーペで観察するとき，ピントを合わせるためには何を動かせばよいか。

□ (3) 小さな生物などを拡大して立体的に観察することのできる顕微鏡は何か。

□ (4) 日当たりが悪い場所に多く見られるのは，タンポポとドクダミのどちらか。

□ (5) いろいろな植物の分布と関係のある自然環境は，おもに日当たりと，あと1つは何か。

② 水中の小さな生物

□ (1) プレパラートをつくるためにカバーガラスをかけるとき，何が入らないように注意するか。

□ (2) 顕微鏡の観察は，まず低倍率からはじめるか，高倍率からはじめるか。

□ (3) 顕微鏡の観察でピントを合わせるときには，プレパラートと対物レンズを近づけるか，遠ざけるか。

□ (4) 顕微鏡の倍率は，何と何の積で求められるか。

□ (5) 自分で動くのは，ミジンコとアオミドロのどちらか。

答　① (1) イ　(2) 観察するもの　(3) 双眼実体顕微鏡　(4) ドクダミ　(5) 湿り気
　　② (1) 空気のあわ(気泡)　(2) 低倍率　(3) 遠ざける。　(4) 接眼レンズの倍率と対物レンズの倍率
　　(5) ミジンコ

1 〈観察のしかた〉

右の図は，器具**A**，**B**を使って観察しているところを
示している。次の問いに答えなさい。

(1) 器具**A**，**B**の名前を答えよ。

　　　A [　　　　　　] **B** [　　　　　　　]

(2) 観察しているものを立体的に見ることができるのは，
器具**A**，**B**のどちらか。記号で答えよ。　　[　　　]

(3) 器具**A**はどのようにして持つか。次の**ア**〜**ウ**から1つ
選び，記号で答えよ。　　　　　　　　　[　　　]

　ア　観察するものに近づけて持つ。

　イ　目と観察するものの中間で持つ。

　ウ　目に近づけて持つ。

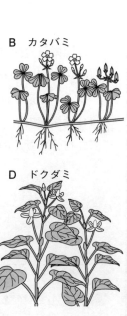

(4) 観察した生物のスケッチのしかたとして正しいもの
を，次の**ア**〜**ウ**から1つ選び，記号で答えよ。

　　　　　　　　　　　　　　　　　　[　　　]

　ア　かげをつけたり，線を重ねたりして，できるだけ立体的に見えるようにかく。

　イ　先の丸まった鉛筆を使い，太い線でうすくかく。

　ウ　先をとがらせた鉛筆を使い，細い線ではっきりとかく。

2 〈植物の生えている場所〉

学校のまわりに生えている植物を観察
したところ，右の**A**〜**D**が見つかった。
次の問いに答えなさい。

(1) 日当たりが悪い場所に生えている植
物を，**A**〜**D**から1つ選び，記号で答
えよ。　　　　　　　　[　　　]

(2) 湿った場所に生えている植物を，**A**
〜**D**から2つ選び，記号で答えよ。

　　　　　　[　　　][　　　]

(3) 日当たりがよいかわいた場所に生え
ている植物を，**A**〜**D**から2つ選び，
記号で答えよ。[　　　][　　　]

A　タンポポ

B　カタバミ
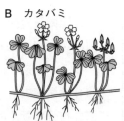

C　オオイヌノフグリ

D　ドクダミ

3 〈顕微鏡を使った観察〉 ●重要

図1は顕微鏡のつくりを，図2はプレパラートをつくっているようすを示したものである。次の問いに答えなさい。

(1) 図1のA〜Fの各部分の名前を答えよ。

A [　　　　　] B [　　　　　] C [　　　　　]
D [　　　　　] E [　　　　　] F [　　　　　]

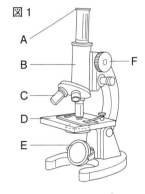
図1

(2) 次の①，②にあてはまる部分を，図1のA〜Fからそれぞれ1つ選び，記号で答えよ。

① 視野の明るさが不均一のときに動かす部分　[　　　　]

② ピントを合わせるときに動かす部分　[　　　　]

(3) 次の[　　]に適当な語を入れ，下の文を完成させよ。

[　　　　　　　　]

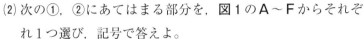
図2

カバーガラスをかけるときには，空気のあわが入らないように，図2のように，カバーガラスをピンセットで[　　　　]下ろす。

(4) 次の①，②の[　　]に適当な語を入れ，下の文を完成させよ。

① [　　　　　] ② [　　　　　]

顕微鏡のピントを合わせるときには，まず，対物レンズとプレパラートをできるだけ[①]ておき，接眼レンズをのぞきながら対物レンズとプレパラートを[②]。

4 〈水中の小さな生物〉

次のA〜Eは，顕微鏡で観察した池の生物である。あとの問いに答えなさい。

A　　　　B　　　　C　　　　D　　　　E
  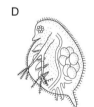 

(1) 観察中に活発に動くものをA〜Eから2つ選び，記号で答えよ。　[　　][　　]

(2) 緑色をしたものをA〜Eから3つ選び，記号で答えよ。

[　　][　　][　　]

ヒント

1 (3) 観察するものが動かせる場合は観察するものを動かし，動かせない場合は自分が近づいてピントを合わせる。

2 (2) 日当たりがよい場所に生えている植物は，かわいた場所と湿った場所に生えているものにわけられる。

4 Aはゾウリムシ，Bはミカヅキモ，Cはアオミドロ，Dはミジンコ，Eはハネケイソウである。

標 準 問 題

▶答え 別冊p.2

---

1 〈生物の観察とスケッチ〉
野外でタンポポの観察を行った。次の問いに答えなさい。

⚠️ ミス注意 (1) タンポポの花を手に持ってルーペで観察した。このときのルーペの使い方として正しいもの
を，次のア～エから選び，記号で答えよ。 [　　　]

ア タンポポは腕をのばした位置で持ち，ルーペを前後に動かす。

イ ルーペは目に近づけて持ち，タンポポを前後に動かす。

ウ ルーペは目から離して持ち，タンポポを前後に動かす。

エ ルーペはタンポポに近づけて持ち，目をルーペに近づけたり遠ざけたりする。

(2) 右の図は，タンポポの葉をスケッチしたもの
である。このスケッチにはあらためなければ
ならない点がある。それはどのような点か。
簡単に書け。 [　　　　　　　]

---

2 〈植物の分布〉
**下の図は，学校周辺で見られる植物の分布を調査した結果である。また，表は，図の内容を
まとめたものである。あとの問いに答えなさい。**

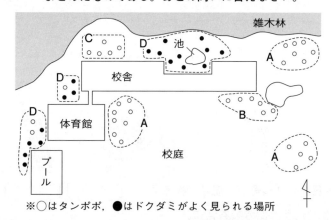

※○はタンポポ，●はドクダミがよく見られる場所

図のA～Dの地面のようす
A：日当たりがよく，かわいている。
B：日当たりがよく，湿っている。
C：日当たりが悪く，かわいている。
D：日当たりが悪く，湿っている。

	タンポポ	ドクダミ
A	20	0
B	6	0
C	a	0
D	3	b

(1) 表の a，b にあてはまる数字をそれぞれ答えよ。 a [　　] b [　　]

差がつく (2) この調査の結果から，タンポポとドクダミの分布についてどのようなことがわかるか。正し
いものを次のア～エから2つ選び，記号で答えよ。 [　　][　　]

ア 日当たりがよく，かわいているところには，タンポポがよく見られる。

イ 日当たりがよく，湿っているところには，タンポポよりドクダミのほうがよく見られる。

ウ 日当たりが悪く，かわいているところには，ドクダミがよく見られる。

エ 日当たりが悪く，湿っているところには，タンポポよりドクダミのほうがよく見られる。

3 〈顕微鏡の使い方〉 ●重要

顕微鏡の正しい使い方について，次の問いに答えなさい。

(1) 顕微鏡は，どのような場所に置いて使うか。簡単に書け。

[   ]

(2) 次の①，②にあてはまるレンズは，右の**図1**の**A**，**B** のどちらか。それぞれ選び，記号で答えよ。

① 顕微鏡にレンズをとりつけるとき，先にとりつける
レンズ   [   ]

② 顕微鏡からレンズをはずすとき，先にはずすレンズ
[   ]

図1

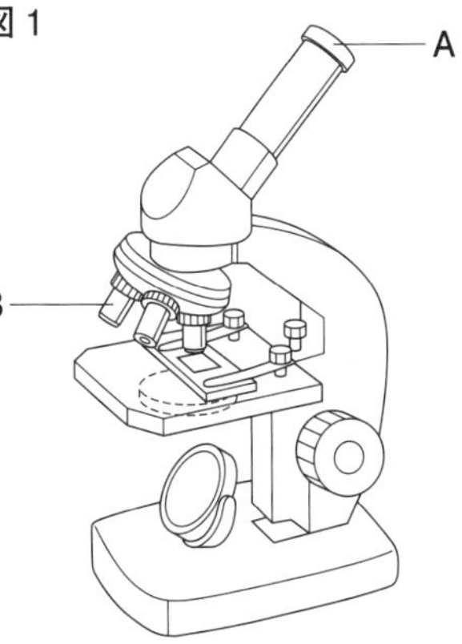

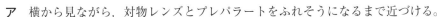

(3) 次の**ア**〜**エ**の各文は，顕微鏡の使い方の手順を順番を 変えて書いたものである。正しい順に並べて，記号で 答えよ。   [   ]

ア 横から見ながら，対物レンズとプレパラートをふれそうになるまで近づける。

イ 接眼レンズをのぞきながら，視野を明るくする。

ウ 接眼レンズをのぞきながら調節ねじを動かし，ピントを合わせる。

エ ステージにプレパラートをのせ，クリップで固定する。

(4) 視野を明るくするときに調節する2つの部分の名前を書け。 [   ][   ]

(5) 次の①，②のとき，顕微鏡の倍率はそれぞれ何倍か。

① 接眼レンズが10倍，対物レンズが10倍のときの顕微鏡の倍率   [   ]

② 接眼レンズが15倍，対物レンズが40倍のときの顕微鏡の倍率   [   ]

(6) 次の**ア**〜**エ**から，正しいことを述べているものを選び，記号で答えよ。   [   ]

ア 顕微鏡の倍率が高くなるほど，見える範囲は広くなり，視野は明るくなる。

イ 顕微鏡の倍率が高くなるほど，見える範囲は広くなり，視野は暗くなる。

ウ 顕微鏡の倍率が高くなるほど，見える範囲はせまくなり，視野は明るくなる。

エ 顕微鏡の倍率が高くなるほど，見える範囲はせまくなり，視野は暗くなる。

(7) ルーペや顕微鏡を使って池の水を観察する と，右の**図2**のように見えた。**X**，**Y**の生物 は何か。次の**ア**〜**オ**からそれぞれ選び，記号 で答えよ。   **X** [   ] **Y** [   ]

ア アメーバ   **イ** ミカヅキモ

ウ アオミドロ   **エ** ツリガネムシ   **オ** ミジンコ

図2   X

約10倍

Y

約100倍

(8) 顕微鏡で図2の**X**をしばらく観察していると，右の**図3**のように， 視野の中央から離れてしまった。これを再び視野の中央にもって くるためには，プレパラートをどの方向に動かせばよいか。ただ し，この顕微鏡は，上下左右が実物の反対向きに見えるものとす る。   [   ]

図3
視野の中央

②植物のからだの共通点と相違点

重要ポイント

① 花のつくりとはたらき

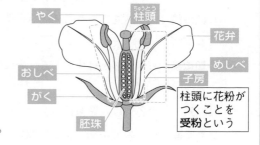

やく
柱頭（ちゅうとう）
花弁
めしべ
おしべ
子房
がく
胚珠

柱頭に花粉が
つくことを
受粉という

- □ 花のつくり…ふつう，めしべ・おしべ・ →1本
  花弁（かべん）・がくがある。 ┗やくは花粉が入った袋
  種子をつくる植物を種子植物という。┓
- □ 花のはたらき…種子をつくる。
- □ 被子植物（ひし）…胚珠が子房の中にある。
  種子になる。┛ ┗果実になる。
- □ 裸子植物（らししょくぶつ）…胚珠がむき出しになっている。
  ┗子房がなく果実はできない。

② 種子植物のなかまわけ（しゅししょくぶつ）

- □ 種子植物の分類（しゅしょくぶつ）…種子植物は被子植物（ひし）と裸子植物（らし）にわけられる。被子植物はさらに，
  双子葉類（そうしようるい）と単子葉類（たんしようるい）にわけられる。双子葉類は合弁花類（ごうべんかるい）と離弁花類（りべんかるい）にわけられる。

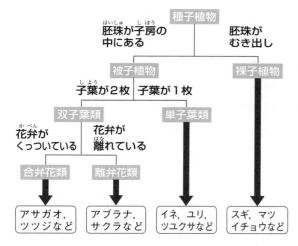

種子植物
┌ 胚珠が子房の中にある（はいしゅ しぼう）
└ 胚珠がむき出し
被子植物
子葉が2枚 ┆ 子葉が1枚
双子葉類
花弁（かべん）がくっついている ┆ 花弁（はな）が離れている
単子葉類
合弁花類 ┆ 離弁花類
裸子植物

アサガオ，ツツジなど
アブラナ，サクラなど
イネ，ユリ，ツユクサなど
スギ，マツ，イチョウなど

	双子葉類	単子葉類
子葉	2枚	1枚
葉脈	網状脈（もうじょうみゃく）	平行脈
根	主根と側根（しゅこん そっこん）	ひげ根

③ 種子をつくらない植物

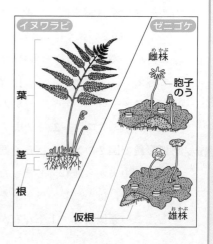

イヌワラビ ゼニゴケ
葉
茎
根
仮根
雌株（めかぶ）
胞子のう
雄株（おかぶ）

- □ シダ植物とコケ植物…種子をつくらない植物の
  なかま。おもに日かげの湿（しめ）ったところに生える。
  - ・シダ植物…根・茎（くき）・葉の区別がある。
    ┗イヌワラビ，ゼンマイ，ノキシノブ，スギナなどのなかま
  - ・コケ植物…根・茎・葉の区別がない。仮根（かこん）で
    ┗ゼニゴケ，スギゴケ，ミズゴケなどのなかま
    からだを固定している。
- □ 胞子（ほうし）…シダ植物とコケ植物は胞子でふえる。胞
  子は湿った地面に落ちると発芽する。
  ┗「のう」は袋という意味の言葉
- □ 胞子のう…胞子をつくる袋（ふくろ）。

●種子植物は子房の有無で裸子植物と被子植物にわけられる。被子植物はさらに，単子葉類と双子葉類にわけられる。双子葉類はさらに，離弁花類と合弁花類にわけられる。
●シダ植物とコケ植物は種子をつくらない植物のなかまで，胞子によってふえる。

ポイント 一問一答

① 花のつくりとはたらき

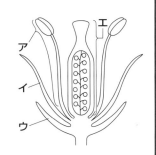

- □ (1) おしべとめしべはそれぞれ，右の図の**ア〜エ**のどれか。
- □ (2) 柱頭に花粉がつくことを何というか。
- □ (3) 次の①，②はそれぞれ，受粉後に成長して，何になるか。
     ① 子房　　　② 胚珠
- □ (4) 胚珠が子房の中にある植物のなかまを何というか。

② 種子植物のなかまわけ

- □ (1) 種子植物のうち，スギ，マツ，イチョウのような花をもつなかまを何というか。
- □ (2) 種子植物のうち，子葉が1枚のなかまを何というか。
- □ (3) (2)のなかまの葉脈は平行脈か，網状脈か。
- □ (4) 種子植物のうち，子葉が2枚のなかまを何というか。
- □ (5) (4)のなかまの根は，ひげ根からなるか，主根と側根からなるか。
- □ (6) 双子葉類のうち，花弁が1枚ずつ離れているなかまを何というか。
- □ (7) 双子葉類のうち，花弁が1つにくっついているなかまを何というか。

③ 種子をつくらない植物

- □ (1) 種子をつくらない植物のうち，根・茎・葉の区別があるなかまを何というか。
- □ (2) 種子をつくらない植物のうち，根・茎・葉の区別がないなかまを何というか。
- □ (3) (2)のなかまは，根がないかわりに何でからだを固定しているか。
- □ (4) (1)と(2)のなかまは，何でふえるか。
- □ (5) (4)をつくる袋を何というか。
- □ (6) (1)と(2)のなかまは，日なたのかわいたところと日かげの湿ったところのどちらによく生えているか。

答

① (1) おしべ…ア　めしべ…エ　(2) 受粉　(3) ① 果実　② 種子　(4) 被子植物
② (1) 裸子植物　(2) 単子葉類　(3) 平行脈　(4) 双子葉類　(5) 主根と側根
　 (6) 離弁花類　(7) 合弁花類
③ (1) シダ植物　(2) コケ植物　(3) 仮根　(4) 胞子　(5) 胞子のう　(6) 日かげの湿ったところ

基　礎　問　題

▶答え　別冊p.3

1 〈被子植物の花のつくりとはたらき〉 ⦿重要

右の図は，アブラナの花のつくりを示したものである。
次の問いに答えなさい。

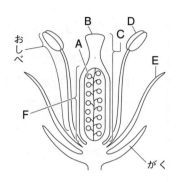

(1) 図の**A〜F**の各部分の名前を，次の**ア〜カ**からそれぞ
れ選び，記号で答えよ。

A [　　　] B [　　　] C [　　　]

D [　　　] E [　　　] F [　　　]

ア 花弁（かべん）　　イ やく　　ウ 柱頭（ちゅうとう）

エ めしべ　　オ 子房（しぼう）　　カ 胚珠（はいしゅ）

⚠ミス注意 (2) 次の①，②の部分を，図中の**A〜F**からそれぞれ選び，記号で答えよ。

① 花粉がたくさん入っている部分　　　　　　　　　　　　　　　　[　　　]

② 将来，果実になる部分　　　　　　　　　　　　　　　　　　　[　　　]

2 〈被子植物のなかま〉 ⦿重要

下の表は，被子植物にふくまれる２種類の植物のなかまの特徴をまとめたものである。
あとの問いに答えなさい。

	芽ばえのようす	葉脈（ようみゃく）	根のようす	花弁のようす
A			a	
B			b / c	X　　Y

(1) **A，B**のなかまのような葉脈を，それぞれ何というか。

A [　　　　] B [　　　　]

(2) 表中の**a〜c**のような根を，それぞれ何というか。

a [　　　] b [　　　] c [　　　]

(3) **A，B**の植物のなかまを，それぞれ何というか。　A [　　　] B [　　　]

(4) **X，Y**の植物のなかまを，それぞれ何というか。　X [　　　] Y [　　　]

3 〈植物の分類〉

右の図は，植物をそれぞれの特徴によってなかまわけしたものである。

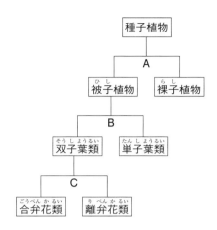

(1) 図中の**A**～**C**のなかまわけの基準は何か。次の**ア**～**エ**からそれぞれ選び，記号で答えよ。

A [　　　] B [　　　] C [　　　]

ア　芽ばえの子葉が1枚か，2枚か。

イ　種子をつくるか，つくらないか。

ウ　花弁がくっついているか，離れているか。

エ　胚珠が子房の中にあるか，むき出しになっているか。

(2) ①～③のなかまを，次の**ア**～**オ**からそれぞれすべて選び，記号で答えよ。

① 裸子植物　　　　　　　　　　　　　　　　　　　　[　　　　　]

② 単子葉類　　　　　　　　　　　　　　　　　　　　[　　　　　]

③ 双子葉類　　　　　　　　　　　　　　　　　　　　[　　　　　]

ア　イチョウ　　イ　ツユクサ　　ウ　マツ　　エ　ツツジ　　オ　イネ

4 〈種子をつくらない植物〉

右の図は，種子をつくらない2種類の植物を示したものである。次の問いに答えなさい。

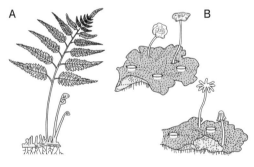

(1) **A**，**B**の特徴を，次の**ア**～**エ**からそれぞれすべて選び，記号で答えよ。

A [　　　　　]

B [　　　　　]

ア　根・茎・葉の区別がある。　　イ　根・茎・葉の区別がない。

ウ　日当たりのよい場所に生える。　エ　日当たりの悪い場所に生える。

(2) **A**，**B**のなかまを，それぞれ何というか。　　A [　　　　　]

B [　　　　　]

(3) **A**，**B**のなかまは，何によってなかまをふやしているか。　　[　　　　　]

(4) (3)が入っている袋のようなつくりを何というか。　　[　　　　　]

💡ヒント

① (2) 花粉が柱頭につくと，子房は果実になり，胚珠は種子になる。

② 被子植物は，単子葉類と双子葉類にわけられる。

(4) 双子葉類は，離弁花類と合弁花類にわけられる。

標 準 問 題

▶答え　別冊p.3

1 〈種子植物の花のつくりとはたらき〉 **●重要**

図1はアブラナの花のつくりを，図2はマツの花のつくりを模式的に示したものである。あとの問いに答えなさい。

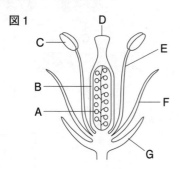

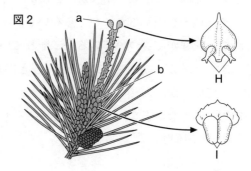

(1) 受粉のときに花粉がつく部分を，**図1**の**A～G**から選び，記号で答えよ。　[　　　]

(2) 受粉後に**図1**の**A**，**B**はそれぞれ何になるか。　　A[　　　]　B[　　　]

▲ミス注意(3) **図2**で，雌花の集まりは，**a**と**b**のどちらか。　　[　　　]

(4) **図2**の**H**，**I**に相当する部分は，**図1**の**A～G**のどこか。それぞれ選び，記号で答えよ。

H[　　　]　I[　　　]

▲差がつく(5) マツと同じような花のつくりをしている植物を，次の**ア～オ**から2つ選び，記号で答えよ。

[　　　][　　　]

ア サクラ　　**イ** ソテツ　　**ウ** アサガオ　　**エ** ユリ　　**オ** イチョウ

(6) マツと同じような花のつくりをもつ植物を，アブラナと同じような花のつくりをもつ植物に対して何というか。　[　　　]

2 〈植物のからだのつくり〉

次の図は，ツユクサとアジサイの葉と根のようすを，模式的に示したものである。あとの問いに答えなさい。

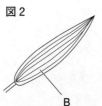

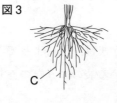

(1) **A**，**B**のような葉脈の名前を，それぞれ書け。　　A[　　　]　B[　　　]

(2) ツユクサの葉を示しているのは，図1と図2のどちらか。　[　　　]

(3) **C**のように，主根と側根の区別がない，多数の細い根を何というか。　[　　　]

(4) ツユクサの根を示しているのは，図3と図4のどちらか。　[　　　]

14

3 〈種子をつくらない植物〉
右の図は，シダ植物であるイヌワラビを示している。次の問いに答えなさい。

(1) 図中のA〜Cの部分は，それぞれ何を示している
か。　A [　　　　　　　] B [　　　　　　　]
　　　　　　　　　　　　　C [　　　　　　　]

(2) 次の①，②の[　]に適当な語を入れ，文章を完
成させよ。

　　　　　① [　　　　　　] ② [　　　　　　]

　　シダ植物のなかまは，種子植物のように種子に
　よってふえるのではなく，[①]によってふえる。
　図中のDはこの①ができる袋で，[②]という。

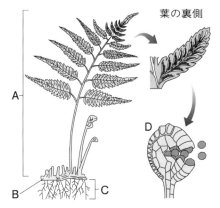

葉の裏側

4 〈植物の分類〉 🔑重要)
下の図は，植物をいろいろな基準でなかまわけしたものである。次の問いに答えなさい。

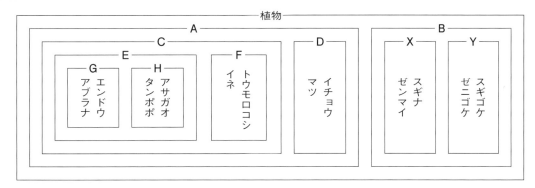

⚠️ミス注意 (1) AとBのなかまわけの基準は何か。次の**ア〜カ**からすべて選び，記号で答えよ。

　　　　　　　　　　　　　　　　　　　　　　　　　　　　[　　　　　　]

　　ア　花弁が離れているかくっついているか。　　イ　子葉が1枚か2枚か。
　　ウ　種子をつくるかつくらないか。　　　　　　エ　子房があるかないか。
　　オ　花をさかせるかさかせないか。　　　　　　カ　根・茎・葉の区別があるかないか。

(2) Aのグループ名を何というか。　　　　　　　　　　　　　　　　[　　　　　　]

(3) XとYのなかまわけの基準は何か。(1)の**ア〜カ**からすべて選び，記号で答えよ。

　　　　　　　　　　　　　　　　　　　　　　　　　　　　[　　　　　　]

(4) CとDのなかまわけの基準は何か。(1)の**ア〜カ**から選び，記号で答えよ。[　　　　　　]

(5) Cのグループ名を何というか。　　　　　　　　　　　　　　　　[　　　　　　]

(6) EとFのなかまわけの基準は何か。(1)の**ア〜カ**から選び，記号で答えよ。[　　　　　　]

(7) Eのグループ名を何というか。　　　　　　　　　　　　　　　　[　　　　　　]

(8) GとHのなかまわけの基準は何か。(1)の**ア〜カ**から選び，記号で答えよ。[　　　　　　]

(9) G，Hのグループ名をそれぞれ何というか。　　G [　　　　　] H [　　　　　]

③ 動物のからだの共通点と相違点

重要ポイント

① 脊椎動物

□ **脊椎動物**…**背骨がある**動物。**魚類・両生類・は虫類・鳥類・哺乳類**に分類される。
　　　　　　　　↳内骨格をもつ。

□ **卵生と胎生**

　・**卵生**…親が**卵**をうみ，卵から子がかえる。

　・**胎生**…**子が母体内である程度育ってからうまれる。**

□ **草食動物と肉食動物**

　・**草食動物**…おもに植物を食べる動物。**門歯や臼歯**が発達していて，**目が横向きについている。**
　　　↳視野が広く，肉食動物の接近に気づきやすい。

　・**肉食動物**…おもに動物を食べる動物。**犬歯が発達**していて，**目が前向きについている。**
　　　えものが立体的に見え，距離感をつかみやすい。↳

	魚類	両生類	は虫類	鳥類	哺乳類
子のふやし方	卵生	卵生	卵生	卵生	胎生
卵が育つ場所	水中	水中	陸上	陸上	－
生活場所	水中	子は水中 親は陸上	陸上	陸上	陸上
呼吸器官	えら	子はえら 親は肺と皮ふ	肺	肺	肺
体表	うろこ	湿った皮ふ	うろこ こうら	羽毛	やわらかい毛
移動のしかた	ひれ	子はひれ 親はあし	あし・体	あし・翼	あし
例	マグロ フナ	カエル イモリ	トカゲ ヘビ	ニワトリ ハト	ヒト ウマ

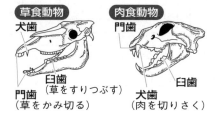

草食動物
犬歯
臼歯（草をすりつぶす）
門歯（草をかみ切る）

肉食動物
門歯
臼歯
犬歯（肉を切りさく）

② 無脊椎動物

□ **無脊椎動物**…**背骨がない**動物。**節足動物**，**軟体動物**のほか，ミミズやウニなどもふくまれる。
　　　　　　　↳脊椎動物でない動物すべてのこと。

　・**節足動物**…からだやあしに**節**があり，**外骨格**をもつ。**甲殻類**（ザリガニ，エビ，カニなど）や**昆虫類**（バッタ，カブトムシなど）のほか，**クモ類**などがふくまれる。
　　　　　↳からだの外側をおおうかたい殻
　　　↳ほかには，ムカデ類やヤスデ類などもふくまれる。

　・**軟体動物**…**外とう膜**で**内臓が包まれ**，からだやあしに**節がない。**水中で生活し，**えらで呼吸**するものが多い。イカやタコ，貝などがふくまれる。
　　↳陸上で生活するマイマイなどは肺で呼吸する。　↳アサリ，ナメクジ，タニシなど。

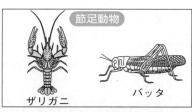

節足動物
ザリガニ
バッタ

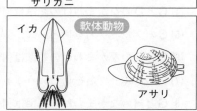

イカ
軟体動物
アサリ

ポイント **一問一答**

① 脊椎(せきつい)動物

☐ (1) 背骨がある動物を何というか。

☐ (2) 親がうんだ卵から子がかえる子のふやし方を何というか。

☐ (3) 母親の体内である程度子が育ってからうまれる子のふやし方を何というか。

☐ (4) 脊椎動物の中で，次の①～⑤のなかまを何というか。

    ① マグロやフナなどのなかま

    ② カエルやイモリなどのなかま

    ③ トカゲやヘビなどのなかま

    ④ ニワトリやハトなどのなかま

    ⑤ ヒトやウマなどのなかま

☐ (5) 門歯(もんし)や臼歯(きゅうし)が発達していて，目が横向きについているのは，肉食動物か，草食動物か。

☐ (6) 犬歯(けんし)が発達していて，目が前向きについているのは，肉食動物か，草食動物か。

② 無脊椎動物

☐ (1) 背骨がない動物を何というか。

☐ (2) (1)の中で，からだの外側をおおうかたい殻をもち，からだやあしに節(ふし)がある動物のなかまを何というか。

☐ (3) (2)にある，からだの外側をおおうかたい殻を何というか。

☐ (4) (2)の中で，ザリガニ，エビ，カニなどのなかまを何というか。

☐ (5) (2)の中で，バッタ，カブトムシなどのなかまを何というか。

☐ (6) (1)の中で，外とう膜(まく)で内臓が包まれ，からだやあしに節がない，イカやタコ，貝などの動物のなかまを何というか。

答
① (1) 脊椎動物　(2) 卵生(らんせい)　(3) 胎生(たいせい)　(4)① 魚類　② 両生類　③ は虫類(ちゅう)　④ 鳥類　⑤ 哺乳類(ほにゅう)
(5) 草食動物　(6) 肉食動物

② (1) 無脊椎動物(むせきついどうぶつ)　(2) 節足動物(せっそくどうぶつ)　(3) 外骨格(がいこっかく)　(4) 甲殻類(こうかくるい)　(5) 昆虫類(こんちゅうるい)　(6) 軟体動物(なんたいどうぶつ)

基 礎 問 題

▶答え　別冊p.4

1 〈脊椎動物の分類〉 **重要**

下の表は，5種類の脊椎動物の特徴をまとめたものである。表中の①〜⑧にあてはまる言葉を書きなさい。

① [　　　　] ② [　　　　] ③ [　　　　] ④ [　　　　]
⑤ [　　　　] ⑥ [　　　　] ⑦ [　　　　] ⑧ [　　　　]

	①	両生類	は虫類	②	哺乳類
動物の例	マグロ，フナなど	カエル，イモリなど	トカゲ，ヘビなど	ニワトリ，ハトなど	ヒト，ウマなど
子のふやし方	③				④
卵が育つ場所	水中		⑤		—
生活場所	水中	子は水中親は陸上	⑥		
呼吸器官	⑦	子はえら，親は肺と皮ふ	⑧		
体表のようす	うろこでおおわれている。	皮ふは湿っていて，うろこはない。	うろこやこうらでおおわれている。	羽毛でおおわれている。	やわらかい毛でおおわれている。

2 〈脊椎動物の体温〉 **重要**

右のA〜Eの背骨のある動物について，次の問いに答えなさい。

(1) 背骨のある動物を何というか。
[　　　　　　]

(2) 殻のある卵をうむ動物を，図のA〜Eからすべて選び，記号で答えよ。

[　　　　　　]

(3) A〜Eに適した背骨のある動物のグループ名は何か。

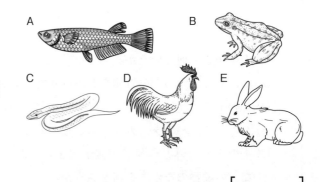

A [　　　　　　]
B [　　　　　　]
C [　　　　　　]
D [　　　　　　]
E [　　　　　　]

3 〈草食動物と肉食動物の歯〉
右のAとBは，草食動物と肉食動物の頭の骨を示したものである。次の問いに答えなさい。

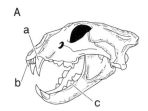
A

⚠ ミス注意 (1) 図中のa〜cの歯を何というか。次のア〜ウからそれぞれ選び，記号で答えよ。

　　　　　　　a [　　　] b [　　　] c [　　　]

　ア　臼歯（きゅうし）　　イ　犬歯（けんし）　　ウ　門歯（もんし）

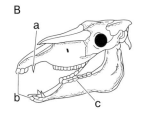
B

(2) AとBの動物で発達している歯を，図中のa〜cからそれぞれすべて選び，記号で答えよ。

　　　　　　　　　　A [　　　　　] B [　　　　　]

(3) 肉食動物を示しているのはAとBのどちらか。記号で答えよ。

　　　　　　　　　　　　　　　　　　　　[　　　　]

4 〈無脊椎動物〉 ●重要
右のA，Bの無脊椎動物について，次の問いに答えなさい。

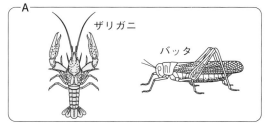
A　ザリガニ　バッタ

(1) 無脊椎動物とは，からだに何がない動物か。　　　[　　　　　]

(2) A，Bのなかまの特徴を，次のア〜エからそれぞれ選び，記号で答えよ。

　　　　　A [　　　] B [　　　]

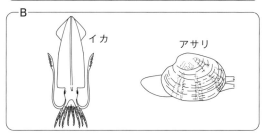
B　イカ　アサリ

　ア　外骨格（がいこっかく）をもち，からだやあしに節（ふし）がない。

　イ　外骨格をもち，からだやあしに節がある。

　ウ　外とう膜で内臓が包まれていて，からだやあしに節がない。

　エ　外とう膜で内臓が包まれていて，からだやあしに節がある。

(3) A，Bのなかまを，それぞれ何というか。　　A [　　　　　　] B [　　　　　　]

(4) Aのなかまのうち，①，②のなかまをそれぞれ何というか。次のア〜オから選び，記号で答えよ。

　① ザリガニ，エビ，カニなどのなかま　　　　　　　　　　　　　[　　　　]

　② バッタ，カブトムシなどのなかま　　　　　　　　　　　　　　[　　　　]

　　ア　昆虫類（こんちゅうるい）　　イ　甲殻類（こうかくるい）　　ウ　クモ類　　エ　ムカデ類　　オ　ヤスデ類

1 ⑦⑧ 水中で生活している生物はえら呼吸，陸上で生活している生物は肺呼吸であることが多い。

標準問題

▶答え　別冊p.4

1 〈背骨のある動物の分類〉

右の表は，背骨のある10種類の動物をA〜Eの5つのグループにわけたものである。次の問いに答えなさい。

グループ	動物名
A	ワニ ニホンカナヘビ
B	ペンギン ウズラ
C	クジラ コウモリ
D	サンショウウオ イモリ
E	イワシ サンマ

(1) 背骨のある動物をまとめて何というか。

[　　　　　　]

(2) 子のときと親のときで，呼吸器官が変わる動物のグループはどれか。A〜Eから選び，記号で答えよ。[　　　　　]

(3) A，Bのからだの表面は，それぞれ何でおおわれているか。　　　A [　　　　] B [　　　　]

(4) 母体内である程度子が育ってから子がうまれるうまれ方を何というか。

[　　　　　　]

差がつく (5) (4)のうまれ方で子がうまれる動物のグループはどれか。A〜Eから選び，記号で答えよ。

[　　　　　]

2 〈産卵数と子の世話の関係〉 差がつく

右の表は，A〜Eの動物の1回の産卵(子)数を示したものである。次の問いに答えなさい。

動物	1回にうむ数
A　ブリ	180万
B　トノサマガエル	1000
C　アカウミガメ	120
D　ウグイス	4〜6
E　ニホンザル	1

(1) A〜Dの動物に共通する子のふやし方を，何というか。　　　　　[　　　　　]

(2) 水中に卵をうむ動物はどれか。A〜Eからすべて選び，記号で答えよ。　　[　　　　　]

(3) Aの動物の卵の特徴を，次のア〜エから選び，記号で答えよ。　　[　　　　　]

ア　殻があり，乾燥に弱い。

イ　殻があり，乾燥に強い。

ウ　殻がなく，乾燥に弱い。

エ　殻がなく，乾燥に強い。

(4) Cの動物の卵の特徴を，(3)のア〜エから選び，記号で答えよ。　　[　　　　　]

(5) A〜Eの中で，1回の産卵(子)数が最も多い動物は，脊椎動物の何類に分類されるか。

[　　　　　]

(6) A〜Eの中で，1回の産卵(子)数が最も少ない動物は，脊椎動物の何類に分類されるか。

[　　　　　]

ミス注意 (7) 一般に，親が子の世話をする動物はどれか。A〜Eからすべて選び，記号で答えよ。

[　　　　　]

ライオン　　　シマウマ

3 〈草食動物と肉食動物の目〉
右の図は，ライオンとシマウマの目のつき方を示している。次の問いに答えなさい。

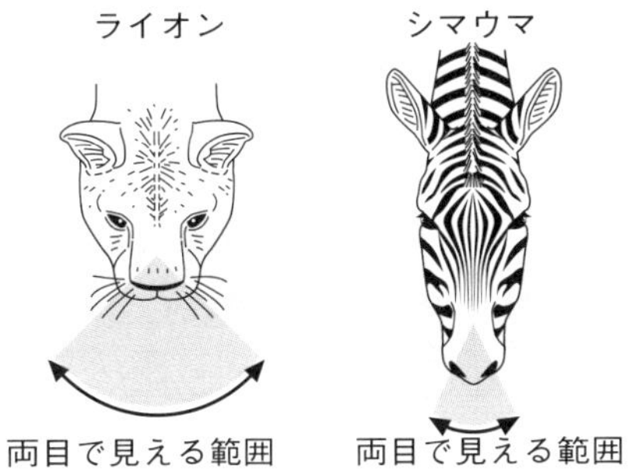

(1) 立体的にものが見える範囲が広いのは，ライオンとシマウマのどちらの目か。　　[　　　　　]

(2) ライオンの目のつき方は，ライオンが何をするのに適しているか。簡単に書け。

[　　　　　　　　　　　　　　　　　　　　]

両目で見える範囲　　両目で見える範囲

(3) シマウマの視野の広さは，ライオンとくらべてどうなっているか。　　[　　　　　　]

(4) シマウマの目のつき方は，シマウマが生きていくうえで何の役に立っていると考えられるか。
簡単に書け。　　[　　　　　　　　　　　　　　　　　　　　　　　]

4 〈バッタのからだのつくり〉
右の図はバッタのからだのつくりを示している。次の問いに答えなさい。

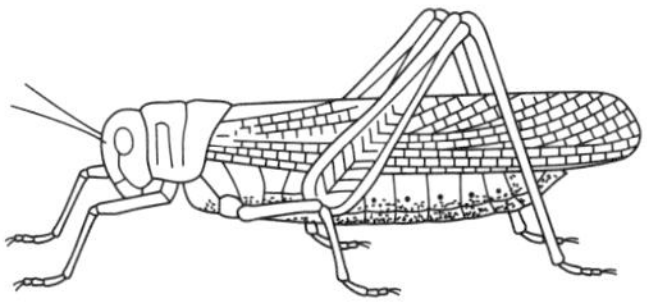

(1) バッタのあしには，節があるか，ないか。

[　　　　　]

(2) バッタのからだは頭部，胸部，腹部にわかれ，頭部に目，口，触角があり，胸部に3対のあしと2対のはねがある。このような特徴をもつ動物のなかまを何というか。　　[　　　　　]

🏠がつく(3) (2)のなかまの特徴でないものを，次のア〜ウから選び，記号で答えよ。　　[　　　　　]

　　ア　成長にともなって脱皮することで，からだが大きくなる。

　　イ　えらも肺ももたず，呼吸をしない。

　　ウ　水中にすむものや，はねを使って空中を飛ぶもの，土の中にすむものなどがいる。

(4) バッタのからだをおおい，からだを保護している殻を何というか。　　[　　　　　]

🏠がつく(5) (4)によってからだがおおわれている動物を，次のア〜オからすべて選び，記号で答えよ。

[　　　　　]

　　ア　エビ　　イ　ムカデ　　ウ　クモ　　エ　カメ　　オ　ヤスデ

5 〈アサリのからだのつくり〉
右の図は，アサリを解剖してスケッチしたものである。次の問いに答えなさい。

A　　　　B　貝柱

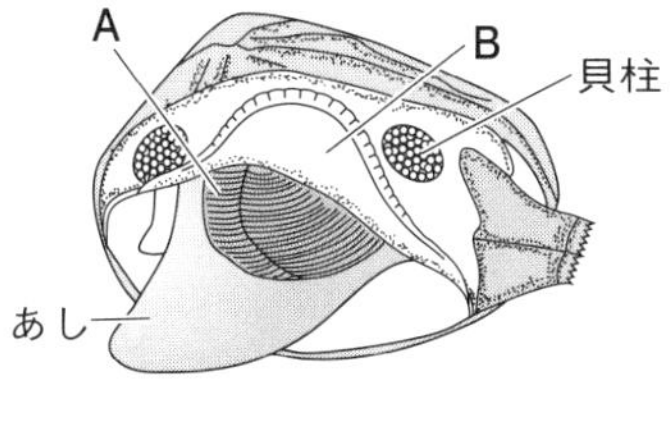

(1) 図中のAは，アサリの呼吸器官である。Aの名前を書け。

[　　　　　]

あし

(2) 図中のBの，内臓を包んでいる膜を何というか。　　[　　　　　]

(3) (2)の膜をもつ動物を，次のア〜オからすべて選び，記号で答えよ。　　[　　　　　]

　　ア　タコ　　イ　カニ　　ウ　イカ　　エ　フナ　　オ　マイマイ

実力アップ問題

◎制限時間**40**分
◎合格点**80**点
▶答え　別冊p.5

点

1 右の図は，植物の花のつくりを模式的に示したものである。
次の問いに答えなさい。　　　　　　　　　　　　〈2点×9〉

(1) 図の**A**～**D**の各部分の名前を書け。

(2) 次の①～③の部分はどこか。図の**A**～**D**からそれぞれ選び，記号で答えよ。

　　① 受粉のときに，花粉がつく部分

　　② 受粉後，種子になる部分

　　③ 受粉後，果実になる部分

(3) マツやイチョウに同じ役割を果たすつくりがない部分はどこか。図の**A**～**D**から2つ選び，記号で答えよ。

(4) 図のように，**C**が**D**の中にある植物を何というか。

(1)	A		B		C		D	
(2)	①		②		③	(3)		(4)

2 右の図は，イヌワラビの葉の裏側についているもののようすである。
次の問いに答えなさい。　　〈(1)・(3)・(4)2点×4，(2)3点〉

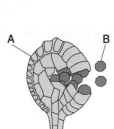

(1) 図中の**A**，**B**を，それぞれ何というか。

(2) イヌワラビの特徴を次の**ア**～**ウ**から選び，記号で答えよ。

　　ア　根・茎・葉の区別がある。

　　イ　主に日当たりのよいところに生える。

　　ウ　種子でふえる。

(3) (2)で選んだイヌワラビと同じ特徴をもつ植物を次の**ア**～**オ**からすべて選び，記号で答えよ。

　　ア　ゼニゴケ　　　**イ**　ゼンマイ　　　**ウ**　スギゴケ

　　エ　スギ　　　　　**オ**　スギナ

(4) (3)で選んだ植物のなかまを何というか。

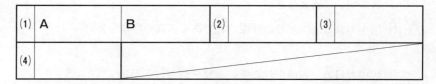

(1)	A		B		(2)		(3)	
(4)								

3 下の図は，12種類の植物をそれぞれの特徴によってA～Fの6つのグループにわけたものである。あとの問いに答えなさい。

〈(1)～(4)・(7)2点×5，(5)・(6)3点×4〉

A	B	C	D	E	F
ヒマワリ ツツジ	バ ラ サクラ	ユ リ サ サ	アカマツ ス ギ	ゼンマイ ノキシノブ	スギゴケ ゼニゴケ

(1) 種子によってふえる植物のなかまはどれか。A～Fからすべて選び，記号で答えよ。

(2) (1)で選ばなかった植物のなかまは，何によってふえるか。

(3) 胚珠はあるが，子房がない植物のグループを，A～Fからすべて選び，記号で答えよ。

(4) AとBのグループに共通する特徴を，次のア～エからすべて選び，記号で答えよ。

　　ア　胚珠が子房の中にある。

　　イ　芽ばえの子葉の枚数が2枚である。

　　ウ　根がひげ根である。

　　エ　葉脈が網の目のように広がっている。

(5) 右の図は，A～Fの6つのグループの関係を図にまとめたものである。図中のX，Y，Zにあてはまる植物のグループの名前を，それぞれ書け。

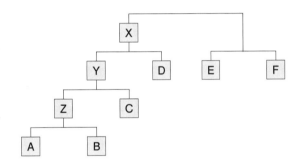

(6) EとFのグループは，からだのつくりの特徴でわけたものである。Fのグループのからだのつくりには，どのような特徴があるか。簡単に説明せよ。

(7) A，B，E，Fのグループの名前はそれぞれ何か。次のア～エから正しい組み合わせを選び，記号で答えよ。

　　ア　A：離弁花類，B：合弁花類，E：コケ植物，F：シダ植物

　　イ　A：離弁花類，B：合弁花類，E：シダ植物，F：コケ植物

　　ウ　A：合弁花類，B：離弁花類，E：コケ植物，F：シダ植物

　　エ　A：合弁花類，B：離弁花類，E：シダ植物，F：コケ植物

(1)		(2)		(3)		(4)	
(5) X		Y			Z		
(6)						(7)	

4 右の表は，A～Eの脊椎動物の特徴をまとめたものである。次の問いに答えなさい。 〈2点×6〉

	A	B	C	D	E
呼吸器官	えら	(子)えらと皮ふ (親)①と皮ふ	①		
子のふやし方			卵　生		②゛
移動のしかた	ひれ	子はひれ 親はあし	あし	あし・翼	あし

(1) A～Eから両生類，鳥類を選び，それぞれ記号で答えよ。

(2) 表中の①，②にあてはまる言葉を書け。

(3) Cのなかまの体表のようすを，次のア～エから選び，記号で答えよ。

　ア　うろこやこうらでおおわれている。

　イ　皮ふは湿っていて，うろこはない。

　ウ　羽毛でおおわれている。

　エ　やわらかい毛でおおわれている。

(4) 殻があり，乾燥に強い卵をうむなかまを，A～Eからすべて選び，記号で答えよ。

(1)	両生類		鳥類		(2)	①		②	
(3)		(4)							

---

5 下の図のA～Cの動物について，あとの問いに答えなさい。 〈2点×6〉

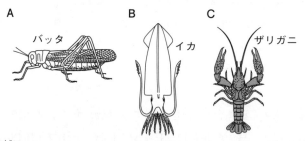

A　バッタ　　　B　イカ　　　C　ザリガニ

(1) A～Cから，甲殻類のなかまを選び，記号で答えよ。

(2) 次の①～③の特徴をもつ動物を，A～Cからそれぞれすべて選び，記号で答えよ。

　① からだが外骨格でおおわれている。

　② 内臓が外とう膜で包まれている。

　③ えらで呼吸する。

(3) (2)の①のような特徴をもつ動物のなかまを何というか。

(4) (2)の②のような特徴をもつ動物のなかまを何というか。

(1)		(2)	①		②		③	
(3)			(4)					

6 下の図は，8種類の動物を，それぞれの特徴によってA～Qのグループにわけたものである。あとの問いに答えなさい。

〈(1)5点，(2)～(6)2点×10〉

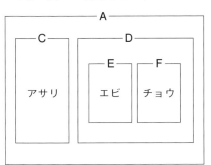
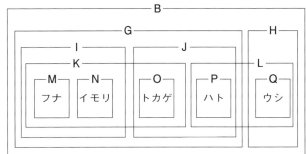

(1) AとBのグループをわけるときの基準は何か。簡単に説明せよ。

(2) Aのグループを何というか。

(3) F，Mのグループのなかまを，それぞれ何というか。

(4) GとHのグループは，Bのグループを子のふやし方の特徴でわけたものである。Gのグループの子のふやし方を何というか。

(5) Gのグループを，さらにI，Jのグループにわけた場合，Iのグループの動物にはどのような特徴があるか。次の**ア**～**エ**からすべて選び，記号で答えよ。

　ア　えらで呼吸する時期がある。

　イ　卵に殻がある。

　ウ　体表がうろこでおおわれている。

　エ　水中に卵をうむ。

(6) 次の①～⑤の動物は，図中の8種類の動物のうち，どの動物と同じグループか。それぞれあてはまる動物の名前を書け。

　　①ヘビ　　　②タニシ　　　③クジラ　　　④ペンギン　　　⑤コウモリ

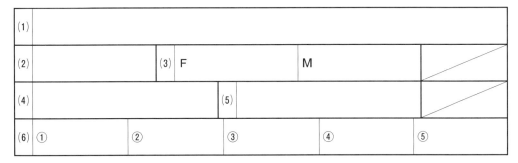

(1)						
(2)		(3)	F	M		
(4)		(5)				
(6)	①	②	③	④	⑤	

❶物質の性質

重要ポイント

① 物質の性質によるなかまわけ

- □ **物体と物質**…ものを外見で判断する場合には物体といい，ものをつくっている材料に注目する場合には物質という。

- □ **金属と非金属**…表の性質をもつ物質を金属，金属以外の物質を非金属という。
  └鉄，アルミニウム，金，銀，銅，亜鉛など。
  ガラス，木，ゴム，プラスチックなど。┘

  →鉄は磁石につくが，金属すべてが磁石につくわけではない。

  表　金属の性質

①みがくとかがやく（金属光沢）
②引っ張るとのび（延性），たたくと広がる（展性）
③電流が流れやすい
④熱が伝わりやすい

- □ **有機物と無機物**…炭素をふくみ，加熱すると炭になったり，燃えて二酸化炭素を発生したりする物質を有機物という。有機物以外の物質を無機物という。
  └石灰水を白くにごらせる。
  └ろ紙，木など。

- □ **質量**…上皿てんびんや電子てんびんではかる物質そのものの量。単位はkgやgなど。
  重さという言葉とは区別して考える。

- □ **密度**…物質1cm³あたりの質量。液体に入れると，その液体とくらべて密度が大きいものは沈み，密度が小さいものは浮く。
  └水の密度（1g/cm³）より密度が大きいものは水中では沈む。┘

$$物質の密度〔g/cm^3〕= \frac{物質の質量〔g〕}{物質の体積〔cm^3〕}$$
└グラム毎立方センチメートル

② 気体の性質

- □ **気体の集め方**…気体の密度，水への溶けやすさに応じて，水上置換法，下方置換法，上方置換法を使う。

気体　水上置換法
水に溶けにくい，または少し溶ける気体に使える

気体　下方置換法
水に溶けやすく，空気より密度が大きい気体に使う

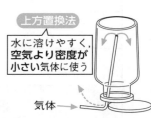

上方置換法
水に溶けやすく，空気より密度が小さい気体に使う
気体

- □ **気体の発生方法と性質**

→酸素，二酸化炭素，水素は色もにおいもない。

気　体	発生方法	性　質
酸　素	二酸化マンガン＋うすい過酸化水素水	水に溶けにくい。ものを燃やす。空気の21％
二酸化炭素	石灰石＋うすい塩酸	水に少し溶ける。石灰水を白くにごらせる
水　素	鉄や亜鉛など＋うすい塩酸	水に溶けにくい。爆発的に燃えて水になる
アンモニア	塩化アンモニウム＋水酸化カルシウム	刺激臭がある。水によく溶け，水溶液はアルカリ性

●金属はみがくとかがやき（金属光沢），電流を通し，熱を伝えやすく，延性・展性をもつ。金属の中には，鉄のように磁石につくものもあるが，つかないものもあることに注意。
●密度を求める式は，密度がわかっている物質の質量や体積を求めることにも利用される。

ポイント 一問一答

① 物質の性質によるなかまわけ

☐ (1) コップの材料であるガラスやプラスチックなどのように，ものの材料に注目するとき，これを何というか。

☐ (2) 鉄やアルミニウム，銀，銅，亜鉛などを何というか。

☐ (3) 金属以外の物質を何というか。

☐ (4) 燃やすと二酸化炭素と水ができる，炭素をふくむ物質を何というか。

☐ (5) 食塩や金属など，(4)以外の物質を何というか。

☐ (6) 上皿てんびんや電子てんびんではかることのできる，kgやgの単位を用いて表される量を何というか。

☐ (7) 物質$1cm^3$あたりの質量を何というか。

☐ (8) 次の式の①，②にあてはまる言葉は何か。

$$密度〔g/cm^3〕＝\frac{物質の（ ① ）〔g〕}{物質の（ ② ）〔cm^3〕}$$

② 気体の性質

☐ (1) 水に溶けにくい気体を集めるのに適した方法は何か。

☐ (2) 水に溶けやすく，密度が空気よりも大きい気体を集めるのに適した方法は何か。

☐ (3) 水に溶けやすく，密度が空気よりも小さい気体を集めるのに適した方法は何か。

☐ (4) 二酸化マンガンにうすい過酸化水素水を加えたときに発生する気体は何か。

☐ (5) 石灰石にうすい塩酸を加えたときに発生する気体は何か。

☐ (6) 鉄や亜鉛にうすい塩酸を加えたときに発生する気体は何か。

☐ (7) 塩化アンモニウムと水酸化カルシウムを混ぜて加熱したときに発生する気体は何か。

☐ (8) 石灰水は，二酸化炭素を通すとどうなるか。

答 ① (1) 物質　(2) 金属　(3) 非金属　(4) 有機物　(5) 無機物　(6) 質量　(7) 密度
(8) ① 質量　② 体積
② (1) 水上置換法　(2) 下方置換法　(3) 上方置換法　(4) 酸素　(5) 二酸化炭素　(6) 水素
(7) アンモニア　(8) 白くにごる。

1 〈金属と非金属〉

固体の物質A～Cについて，次の実験を行った。あとの問いに答えなさい。

〔実験1〕 A～Cに電流が流れるかどうかを調べたところ，AとBには電流が流れ，Cには電流が流れなかった。

〔実験2〕 A～Cが磁石につくかどうかを調べたところ，Aは磁石につき，BとCは磁石につかなかった。

〔実験3〕 A～Cの表面をみがいたところ，AとBの表面はかがやき，Cの表面はかがやかなかった。

⚠ミス注意 (1) A～Cは，金属と非金属のどちらだと考えられるか。それぞれ答えよ。

A [　　　　　] B [　　　　　] C [　　　　　]

(2) 金属の性質を，次のア～エからすべて選び，記号で答えよ。　　　[　　　　　]

ア　引っ張ると細くのびる性質

イ　熱を伝えにくい性質

ウ　水に溶けやすい性質

エ　たたくとのびてうすく広がる性質

2 〈有機物と無機物〉

右の図のように，石灰水を入れた集気びんの中で，ろうそくを燃やした。ろうそくをとり出してから集気びんをよくふると，石灰水は白くにごった。次の問いに答えなさい。

(1) 下線部から，何が発生したことがわかるか。[　　　　　]

(2) 黒くこげて炭になったり，燃えて(1)の物質を発生したりする物質を何というか。　　　　　　　　　[　　　　　]

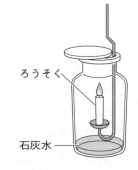

ろうそく

石灰水

3 〈密度〉 🔑重要

右の表は，鉄とアルミニウムの質量と体積をはかった結果である。次の問いに答えなさい。

	鉄	アルミニウム
質量〔g〕	78.7	40.5
体積〔cm³〕	10	15

(1) それぞれの密度を求めよ。　　鉄 [　　　　　] アルミニウム [　　　　　]

(2) 鉄とアルミニウムは，水に入れると浮くか，沈むか。

鉄 [　　　　　] アルミニウム [　　　　　]

4 〈気体の集め方〉 ●▶重要

A〜Cは，気体を集める3つの方法を示している。あとの問いに答えなさい。

A 　　　B 　　　C

(1) A〜Cの気体の集め方の名前をそれぞれ答えよ。

　　　　　A [　　　　　　] B [　　　　　　] C [　　　　　　]

(2) 次の①〜③の気体を集めるのに適した方法を，A〜Cからそれぞれ選び，記号で答えよ。

　　① 水に溶けやすく，空気より密度が大きい気体　　　　　　　　[　　　　]

　　② 水に溶けやすく，空気より密度が小さい気体　　　　　　　　[　　　　]

　　③ 水に溶けにくい気体　　　　　　　　　　　　　　　　　　　[　　　　]

5 〈気体を発生させる実験〉 ●▶重要

次の実験について，あとの問いに答えなさい。

〔実験〕① 右の図のような装置を使って気体を
発生させ，試験管に集めた。

② 気体を集めた試験管に火のついた線香を入
れ，どうなるか調べた。

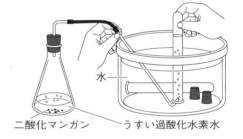

(1) ②の結果は，どうなったか。

　　　　　　　　　　　　　　[　　　　　　　　　　　　]

(2) 発生した気体は何か。　　　　　　　　　　[　　　　　　　]

(3) (2)の気体には，どのような性質があるか。次のア〜エからすべて選び，記号で答えよ。

　　　　　　　　　　　　　　　　　　　　　　[　　　　　　　]

　　ア　色は黄緑色である。

　　イ　においがない。

　　ウ　水によく溶ける。

　　エ　空気中に体積で約21％ふくまれている。

ヒント

② 物が燃えて石灰水が白くにごる物質が出たり，黒くこげて炭になったりするのは，炭素をふくむからである。

③ 物質の密度〔g/cm^3〕は，物質の質量〔g〕を体積〔cm^3〕で割れば求められる。

1 〈金属と非金属〉

鉄くぎ，木の板，アルミニウムはくについて，豆電球がつくかどうかを，右の図のように調べた。次の問いに答えなさい。

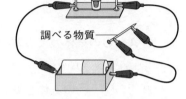

調べる物質

(1) 豆電球がついたものを，すべて書け。

[　　　　　　　　　　　　　　　　　　]

⚠️ミス注意 (2) (1)で選んだものすべてに共通する性質は，ほかに何があるか。次の**ア～エ**からすべて選び，記号で答えよ。　　　　　　　　　　　　[　　　　]

ア 表面をみがくと，表面がかがやく。

イ 熱を伝えにくい性質がある。

ウ 延性や展性がある。

エ 磁石を近づけると，磁石につく。

(3) 電流を流す性質や，(2)のような性質をもつ物質を何というか。　　　[　　　　]

2 〈有機物〉

右の図のように，白色の粉末**X**を熱すると炭になり，さらに強く熱すると二酸化炭素が発生した。次の問いに答えなさい。

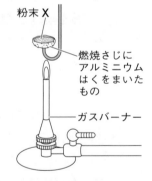

粉末**X**

燃焼さじにアルミニウムはくをまいたもの

ガスバーナー

⚠️ミス注意 (1) ガスバーナーの火をつけるときの手順となるように，次の**ア～エ**を並べよ。　　　　　　[　　　　　　　　]

ア ガス調節ねじをゆるめる。

イ 元栓を開ける。

ウ コックを開けて，マッチの火を近づける。

エ ガス調節ねじと空気調節ねじが軽くしまっている状態にする。

(2) 次の文章は，ガスバーナーの炎の調節のしかたを説明したものである。①～③の[　]に適当な語を入れ，文章を完成させよ。

①[　　　　　] ②[　　　　] ③[　　　　　]

まず，[　①　]を回して，炎の大きさを10cmくらいにする。次に，①を動かさないようにして，[　②　]をゆるめ，[　③　]色の炎にする。

(3) 下線部のようになったのは，**X**に何がふくまれているからか。　[　　　　　]

(4) 熱するとこげて炭になったり，燃えて二酸化炭素を発生したりする物質を何というか。

[　　　　　]

(5) **X**であると考えられるものを，次の**ア～エ**からすべて選び，記号で答えよ。[　　　　]

ア 鉄　　**イ** プラスチック　　**ウ** 食塩　　**エ** 砂糖

3 〈密度①〉 **重要**

図1は，固体の物質XとYの質量と体積をはかったときのようすを示している。次の問いに答えなさい。

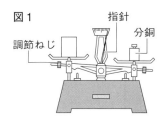

図1

(1) 上皿てんびんの使い方で，まちがっているものはどれか。次のア〜エから選び，記号で答えよ。　　[　　　　]

ア　水平なところに置いて使う。

イ　測定前に，調節ねじを使って，指針が左右に同じ程度振れるようにする。

ウ　粉末をはかりとるときには，片方の皿に薬包紙を置き，その上に粉末をのせ，薬包紙を置いていない皿に分銅をのせる。

エ　測定後にかたづけるときには，皿を片方に重ねておく。

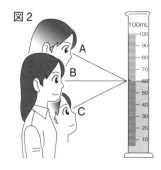

図2

(2) メスシリンダーの目盛りを読むときの正しい目の位置はどこか。図2のA〜Cから選び，記号で答えよ。　　[　　　　]

(3) 図3は，物質XとYを入れたメスシリンダーのようすを示している。物質X，Yの体積は，それぞれ何cm³か。ただし，メスシリンダーに入れた水は，どちらも20.0mLであった。

X [　　　　] Y [　　　　]

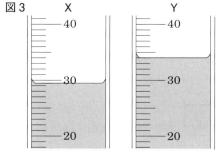

図3

⚠ミス注意 (4) 物質Xの質量は13.1g，Yの質量は37.9gであった。物質X，Yの密度を，小数第2位を四捨五入してそれぞれ求めよ。

X [　　　　] Y [　　　　]

4 〈密度②〉 **重要**

右の表は，いくつかの物質の密度を示している。次の問いに答えなさい。

(1) ある物質の体積は7.9cm³，質量は82.9gであった。表から，この物質は何であると考えられるか。　　[　　　　]

(2) 表中の鉄50cm³の質量は，何gか。小数第1位を四捨五入して答えよ。　　[　　　　]

⚠ミス注意 (3) 表中のアルミニウム100gの体積は，何cm³か。小数第1位を四捨五入して答えよ。

[　　　　]

🏠がつく (4) 表の中から，水銀に入れたときに沈む物質をすべて選べ。ただし，水銀の密度は13.55g/cm³である。

[　　　　　　　　　　　　　　　　　　　　　　　]

固体の密度〔g/cm³〕	
金	19.32
銀	10.50
鉄	7.87
アルミニウム	2.70
ガラス	2.50

1 〈気体を発生させる実験①〉 ━○重要

右の図のような装置を使って気体を発生させ，気体を集めた。次の問いに答えなさい。

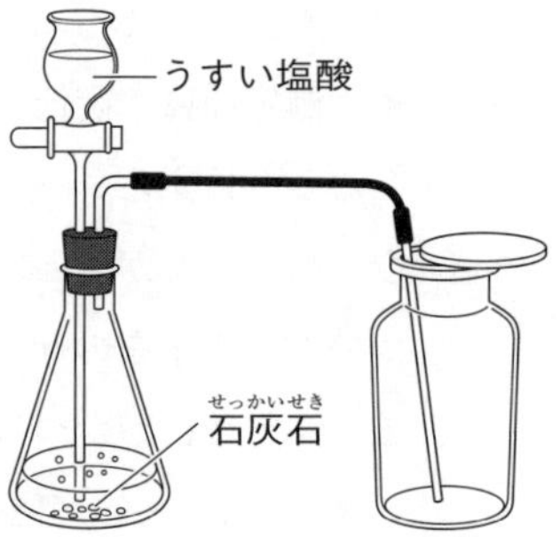

(1) 図のような気体の集め方を何というか。[　　　　　]

(2) 気体を集めた容器に石灰水を入れてからよくふると，どうなるか。　　　　　[　　　　　]

(3) 発生した気体は何か。　　　[　　　　　]

うすい塩酸

石灰石

差がつく (4) (3)の気体についての説明で正しいものを，次のア～エからすべて選び，記号で答えよ。　　　[　　　　　]

ア　色はないが，特有のにおいがある。

イ　水に少し溶け，炭酸水という酸性の水溶液になる。

ウ　ものを燃やすはたらきがあり，この気体の中に火のついた線香を入れると激しく燃える。

エ　固体はドライアイスとよばれ，ものを冷やすのに利用されている。

2 〈気体を発生させる実験②〉

次の実験について，あとの問いに答えなさい。

〔実験〕① 右の図のように，亜鉛に液体Aを加えて水素を発生させ，試験管に集めた。

② 水素を集めた試験管の口にマッチの火を近づけて，どうなるかを調べた。

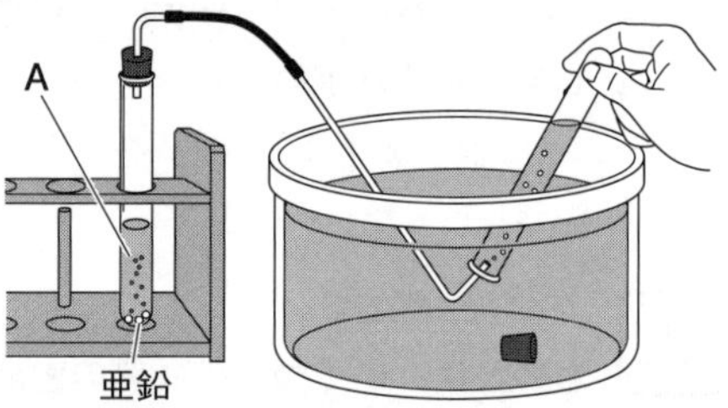

A

亜鉛

ミス注意 (1) この実験で使った液体Aは何か。次のア～エから選び，記号で答えよ。　　　[　　　　　]

ア　食塩水　　　　イ　うすい過酸化水素水　　　ウ　うすい塩酸　　　エ　石灰水

(2) 図のような気体の集め方を何というか。　　　　[　　　　　]

(3) (2)の方法で気体を集めたのは，水素にどのような性質があるからか。簡単に書け。

[　　　　　　　　　　　　　　　　　　　　　　　　　　　]

差がつく (4) (2)の方法で気体を集めるとき，気体が発生しはじめてすぐには気体を集めず，しばらくしてから集めるようにする。その理由を簡単に説明せよ。

[　　　　　　　　　　　　　　　　　　　　　　　　　　　]

(5) ②の結果はどのようになるか。次のア～エから選び，記号で答えよ。　　　[　　　　　]

ア　マッチの火がすぐに消える。　　　イ　何も変化が起こらない。

ウ　マッチの火が激しく燃える。　　　エ　気体が音を立てて燃える。

3

〈アンモニアを発生させる実験〉

次の実験について，あとの問いに答えなさい。

〔実験〕1　図1のようにして，アンモニアを発生させ，かわいた丸底フラスコに集めた。

2　アンモニアを集めた1の丸底フラスコを図2のようにして，スポイトの中の水をフラスコの中に入れると，フラスコの中に噴水(ふんすい)のように水がふき出した。

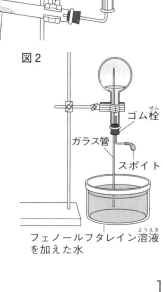

図1

かわいた
丸底フラスコ
物質Xと
水酸化
カルシウム

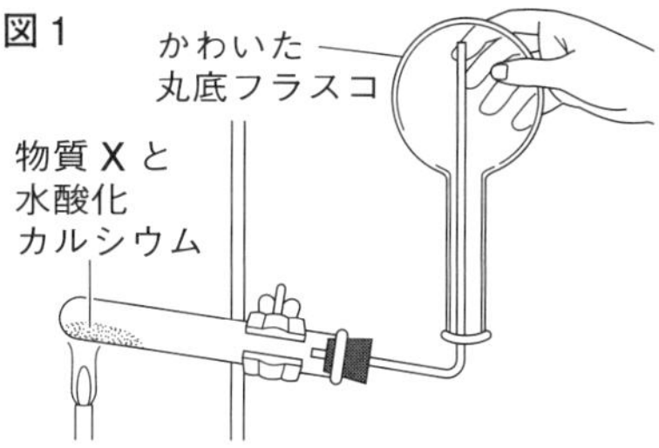

図2

ゴム栓(せん)
ガラス管
スポイト
フェノールフタレイン溶液(ようえき)
を加えた水

ミス注意 (1) 図1の物質(ぶっしつ)Xは何か。次のア～エから選び，記号で答えよ。　[　　　]

ア　二酸化マンガン　　イ　食塩

ウ　塩化アンモニウム　　エ　石灰石(せっかいせき)

(2) 図1で，試験管の口を底よりも少し下げているのはなぜか。理由を簡単に書け。

[　　　　　　　　　　]

(3) 図1のような気体の集め方を何というか。　[　　　　　]

(4) 2のように水がふき出したのは，アンモニアにどのような性質があるからか。簡単に書け。

[　　　　　　　　　　]

差がつく (5) 2でフラスコの中にふき出した水は赤くなった。その理由を簡単に書け。

[　　　　　　　　　　]

4

〈いろいろな気体の性質〉 差がつく

次のA～Fの気体について，あとの問いに答えなさい。

A　一酸化炭素　　B　窒素(ちっそ)　　C　硫化水素(りゅうかすいそ)

D　二酸化硫黄(にさんかいおう)　　E　塩素　　F　塩化水素

(1) においがある気体を，A～Fからすべて選び，記号で答えよ。　[　　　　]

(2) 色がある気体を，A～Fからすべて選び，記号で答えよ。　[　　　　]

(3) 有毒な気体を，A～Fからすべて選び，記号で答えよ。　[　　　　]

(4) 殺菌作用があり，プールの消毒や水道水の殺菌などに利用されている気体はどれか。A～Fから1つ選び，記号で答えよ。　[　　　]

(5) 水溶液が塩酸とよばれ，青色リトマス紙を赤色に変える性質がある気体はどれか。A～Fから1つ選び，記号で答えよ。　[　　　]

(6) 食品の変質を防ぐために，食品の袋(ふくろ)や缶(かん)，びんなどにつめられることがある気体はどれか。A～Fから1つ選び，記号で答えよ。　[　　　]

(7) 酸素が十分にない状態で有機物(ゆうきぶつ)が燃えるとできる気体はどれか。A～Fから1つ選び，記号で答えよ。　[　　　]

❷水溶液

重要ポイント

① 物質の溶解と水溶液の性質

- ☐ **溶質**…水溶液などに**溶けた物質**。
- ☐ **溶媒**…溶質を溶かしている物質。
- ☐ **溶液**…溶質が溶媒に溶けた液。
  - →エタノールが溶媒であれば，エタノール溶液という。
  - 溶媒が水である溶液が**水溶液**である。
- ☐ **溶解**…溶質が溶媒に溶ける現象。
- ☐ **水溶液の性質**…透明で，どの部
  - →色は，あるものとないものがある。
  - 分も同じ濃さ。
- ☐ **質量パーセント濃度**…溶質の質量が溶液全体の何%にあたるかで，濃さを示したもの。

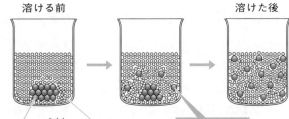

溶ける前　　　　　　　　溶けた後

溶質の粒子　　溶媒の粒子

溶質の粒子がバラバラになっていく

$$質量パーセント濃度〔\%〕=\frac{溶質の質量〔g〕}{溶液の質量〔g〕}\times100=\frac{溶質の質量〔g〕}{溶媒の質量〔g〕+溶質の質量〔g〕}\times100$$

② 溶解度と再結晶

- ☐ **飽和**…ある物質が**限度まで溶けている状態**。
- ☐ **飽和水溶液**…飽和の状態になっている**水溶液**。
- ☐ **溶解度**…**100gの水に溶ける物質の最大の質量**。溶質の種類によって異なり，温度によっても変化する。
- ☐ **溶解度曲線**…水の温度ごとの溶解度をグラフに表したもの。
- ☐ **結晶**…純粋な物質で，規則正しい形をした固体。
- ☐ **再結晶**…溶媒に溶けた物質を**再び結晶として**
  - →水溶液の温度を下げる方法と，水を蒸発させる方法がある。
  - とり出すこと。

ろ過のしかた

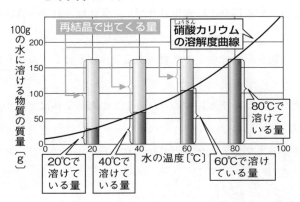

再結晶で出てくる量

硝酸カリウムの溶解度曲線

100gの水に溶ける物質の質量〔g〕

200
150
100
50
0

0　20　40　60　80　100
水の温度〔℃〕

80℃で溶けている量

20℃で溶けている量

40℃で溶けている量

60℃で溶けている量

ガラス棒を伝わらせて液を入れる

ガラス棒

ろうと

ろうと台

ガラス棒は，ろ紙が重なっているところにあてる

ろ紙は水でぬらして，ろうとに密着させる

ろうとのあしはとがっているほうをビーカーの内壁につける

テストでは ココ が ねらわれる

●質量パーセント濃度の求め方はしっかりおぼえておく。

●溶解度の表や溶解度曲線の示している内容を正確に理解し，温度を変化させたときや水を蒸発させたときに，結晶になって出てくる物質の質量を求められるようにする。

ポイント 一問一答

① 物質の溶解と水溶液の性質

□ (1) 水溶液などに溶けた物質を何というか。

□ (2) (1)の物質を溶かしている物質を何というか。

□ (3) 溶質が溶媒に溶けた液を何というか。

□ (4) (3)のうち，溶媒が水であるものを何というか。

□ (5) 溶質が溶媒に溶ける現象を何というか。

□ (6) 水溶液には，透明でないものはあるか，ないか。

□ (7) 水溶液の濃さは，部分によってちがうか，同じか。

□ (8) 水溶液には，色があるものはあるか，ないか。

□ (9) 次の式の①～③にあてはまる言葉は何か。

質量パーセント濃度〔%〕

$$= \frac{（ ① ）の質量〔g〕}{（ ② ）の質量〔g〕} \times 100$$

$$= \frac{（ ① ）の質量〔g〕}{（ ③ ）の質量〔g〕+（ ① ）の質量〔g〕} \times 100$$

② 溶解度と再結晶

□ (1) ある物質が限度まで溶媒に溶けている状態を何というか。

□ (2) (1)の状態になっている水溶液を何というか。

□ (3) 100gの水に溶ける物質の最大の質量を何というか。

□ (4) 水の温度と(3)の質量との関係を，グラフに表したものを何というか。

□ (5) 純粋な物質で，規則正しい形をした固体を何というか。

□ (6) 溶媒に溶けた物質を，再び(5)としてとり出すことを何というか。

□ (7) 右の図のように，固体と液体を分ける方法を何というか。

ガラス棒

ろうと

ろうと台

答

① (1) 溶質　(2) 溶媒　(3) 溶液　(4) 水溶液　(5) 溶解　(6) ない。　(7) 同じ。　(8) ある。

(9) ① 溶質　② 溶液　③ 溶媒

② (1) 飽和　(2) 飽和水溶液　(3) 溶解度　(4) 溶解度曲線　(5) 結晶　(6) 再結晶　(7) ろ過

基 礎 問 題

▶答え　別冊p.7

1 〈溶解のモデル〉

右の図のAのようにコーヒーシュガーを水に入れて，かき混ぜるとすべて溶け，Bのように全体に色がついた。次の問いに答えなさい。

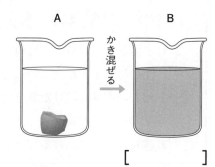

(1) コーヒーシュガーのように，水溶液に溶けている物質を何というか。　[　　　　　]

(2) 水のように，(1)を溶かしている物質を何というか。　[　　　　　]

(3) Bでのコーヒーシュガーの粒子のようすを示しているものを，次のア～エから選び，記号で答えよ。　[　　　　　]

 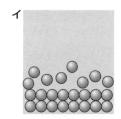 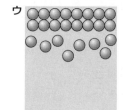 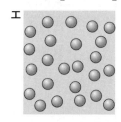

2 〈質量パーセント濃度〉 ⚠ミス注意

水に食塩を加えていろいろな濃度の食塩水をつくった。次の問いに答えなさい。

(1) 右の図の食塩水A～Cのうち，最も濃いものはどれか。記号で答えよ。　[　　　　　]

 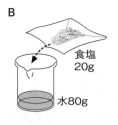 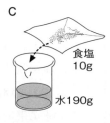

(2) (1)の食塩水A～Cの質量パーセント濃度をそれぞれ求めよ。

A [　　　　　] B [　　　　　] C [　　　　　]

(3) 次の①，②の食塩水をつくるには，食塩と水をそれぞれ何g用意すればよいか。

① 質量パーセント濃度が10％の食塩水200g

食塩 [　　　　　] 水 [　　　　　]

② 質量パーセント濃度が15％の食塩水150g

食塩 [　　　　　] 水 [　　　　　]

(4) 食塩30gを水に溶かして質量パーセント濃度が20％の食塩水をつくるには，水を何g用意すればよいか。　[　　　　　]

3 〈溶解度曲線〉 **重要**

右の図は，4種類の物質の溶解度曲線を示したものである。次の問いに答えなさい。

(1) 図中の4つの物質から，60℃の水に最もよく溶けるものを選べ。　[　　　　　　]

(2) 図中の4つの物質から，20℃の水100gに20gを溶かそうとしたときに，溶け残りができるものをすべて選べ。

[　　　　　　　　　　　　　　]

(3) 40℃の水100gに硫酸銅を40g溶かしたとき，さらに溶かすことができる硫酸銅は約何gか。次の**ア**〜**エ**から選び，記号で答えよ。

[　　　　　]

ア 約7g　　**イ** 約13g　　**ウ** 約25g　　**エ** 約40g

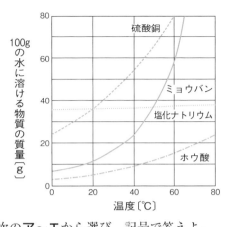

4 〈溶解度と再結晶〉

右の表は硝酸カリウムの溶解度を示したものである。次の問いに答えなさい。

(1) 60℃の水100gに硝酸カリウム90.0gを溶かした水溶液を20℃にすると，結晶としてとり出せる溶質は何gか。　[　　　　　　]

(2) 80℃の水100gに硝酸カリウムを溶かした飽和水溶液を40℃にすると，結晶としてとり出せる溶質は何gか。　[　　　　　　]

(3) (1)や(2)のように，水溶液から溶質をとり出すことを何というか。　[　　　　　　]

(4) (3)の方法として，右の図でまちがっている点はどこか。次の**ア**〜**エ**から選び，記号で答えよ。

[　　　　　　]

温度〔℃〕	硝酸カリウム〔g〕
20	31.6
40	63.9
60	109
80	169

ガラス棒
ろうと
ろうと台

ア 液を，ガラス棒を伝わらせて入れている点。

イ ろ紙を水でぬらして，ろうとに密着させている点。

ウ ガラス棒の先をろ紙の中央にあてている点。

エ ろうとのあしをビーカーの内壁につけている点。

ヒント

2 質量パーセント濃度〔%〕 $= \dfrac{溶質の質量〔g〕}{溶液の質量〔g〕} \times 100 = \dfrac{溶質の質量〔g〕}{溶媒の質量〔g〕+溶質の質量〔g〕} \times 100$

3 溶解度は100gの水に溶ける物質の最大の質量のことである。

4 (2)飽和水溶液であるということは，溶解度の値の溶質が溶けている，ということである。

1 〈水溶液の特徴〉

右の図のように，砂糖とデンプンを水に入れてよくかき混ぜたところ，Aは透明な液となり，Bは全体が白くにごった。次の問いに答えなさい。

砂糖

デンプン

(1) A，Bはそれぞれ，水溶液であるといえるか，いえないか。

A [　　　　　　]　B [　　　　　　]

(2) 次のア～エから，正しいものをすべて選び，記号で答えよ。　　　　[　　　　　]

ア　コーヒーシュガーを水に溶かすと，色はつくが透明になるので，水溶液になったといえる。

イ　炭酸水の水を蒸発させると，溶けているものが固体としてとり出せる。

ウ　牛乳は，時間がたっても沈むものがないので，水溶液であるといえる。

エ　容器に入った食塩の水溶液の底のほうと水面付近では，濃度の差はない。

2 〈質量パーセント濃度〉

質量パーセント濃度が20%の硝酸カリウム水溶液が200gある。次の問いに答えなさい。

(1) 下線部の水溶液を50gとり，水を100g加えると，質量パーセント濃度は何%になるか。小数第1位を四捨五入して答えよ。　　　　[　　　　　]

⚠ミス注意 (2) 次の①，②のときの質量パーセント濃度は何%になるか。小数第1位を四捨五入してそれぞれ求めよ。

① 下線部の水溶液から，水が50g蒸発したとき。　　　　[　　　　　]

② 下線部の水溶液に，硝酸カリウムをさらに10g加えたとき。　　　　[　　　　　]

3 〈再結晶〉

次の実験について，あとの問いに答えなさい。

[実験] 1 試験管Aに食塩6.0g，Bに硝酸カリウム6.0gを入れ，それぞれに10℃の水を5cm³ずつ入れて，よくふり混ぜると，どちらも溶け残りがあった。

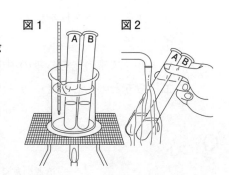
図1　図2

2 試験管A，Bを図1のように加熱し，水の温度を60℃まで上げて，溶け残りがどうなるか調べた。

3 試験管A，Bを図2のようにして水の温度を20℃まで下げ，溶け残りがどうなるか調べた。

4 試験管A，Bの液をろ過してから，そのろ液をスライドガラスに1滴とって，水を蒸発させると，どちらも固体が出てきた。

(1) ②のときの試験管A, Bの溶け残りのようすは, どのようになったか。次のア～ウからそれ
ぞれ選び, 記号で答えよ。　　　　　　　　　　　　　A [　　　] B [　　　]

　　ア　ふえた。

　　イ　減った。

　　ウ　あまり変わらなかった。

(2) ③のときの試験管A, Bの溶け残りのようすは, ②のときとくらべてどのようになったか。

　　(1)のア～ウからそれぞれ選び, 記号で答えよ。　　　　　A [　　　] B [　　　]

(3) (1)や(2)のようになるのは, 食塩と硝酸カリウムの溶解度にどのような特徴があるからか。簡
単に説明せよ。 [　　　　　　　　　　　　　　　　　　　　　　　　　　　　　　　]

(4) ろ過をするときの正しい方法を, 次のア～エから選び, 記号で答えよ。　　[　　　　]

ア　　　　　　　　イ　　　　　　　　ウ　　　　　　　　エ

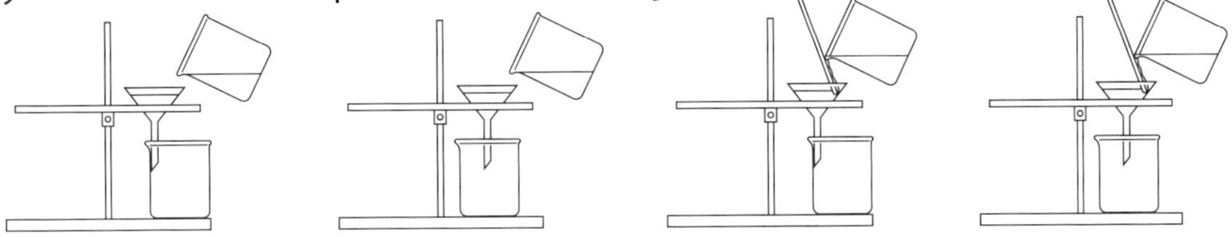

(5) ④で出てきた固体は規則正しい形をしていた。このような固体を何というか。 [　　　　]

4 〈溶解度曲線と再結晶〉 ●重要
右の図は物質A, Bの溶解度曲線を示したものであり,
AとBはそれぞれ, 硝酸カリウムと塩化ナトリウムの
どちらかである。次の問いに答えなさい。

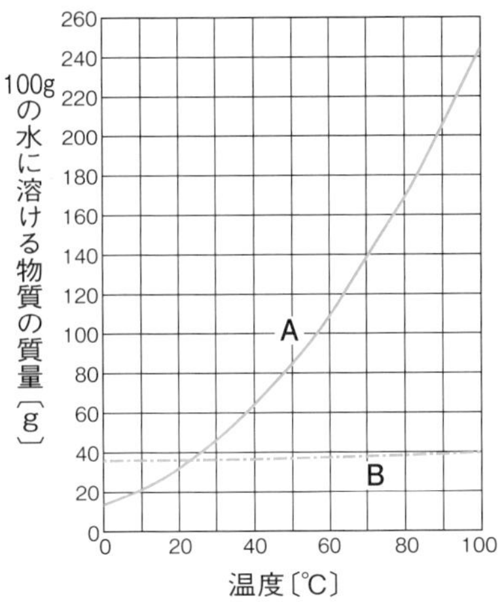

(1) 硝酸カリウムは, A, Bのどちらか。記号で答えよ。

[　　　　]

ミス注意 (2) 60℃の水200gにAが溶けた飽和水溶液を20℃まで冷
やし, 出てきた結晶をろ過してとり出した。ろ過して
とり出せたAの結晶は何gか。次のア～エから選び,
記号で答えよ。 [　　　　]

ア　約8g　イ　約40g　ウ　約80g　エ　約160g

がっく (3) Bが溶けた80℃の飽和水溶液100gをとり, 水を蒸発
させると, 何gのBがとり出せるか。次のア～エから選び, 記号で答えよ。　　[　　　　]

ア　約10g　　イ　約20g　　ウ　約30g　　エ　約40g

がっく (4) 少量のBをふくむAから, 純粋なAをとり出すには, どのようにすればよいか。次のア～ウ
から選び, 記号で答えよ。　　　　　　　　　　　　　　　　　　　　　　　[　　　　]

ア　80℃の水に溶けるだけ溶かしてから, 溶け残りをろ過して集める。

イ　80℃の水に溶けるだけ溶かしてから, 溶け残りをろ過して除き, ろ液から水を蒸発させる。

ウ　80℃の水に溶けるだけ溶かしてから, 溶け残りをろ過して除き, ろ液の温度を下げて出
てくる固体を集める。

❸ 状態変化

重要ポイント

① 物質の状態変化と体積・質量

- □ **状態変化**…物質が温度によって固体・液
  └→ドライアイスのように固体から気体になる物質もある。
  体・気体と状態を変えること。

- □ **状態変化と体積**…温度が高いほど粒子
  の運動が激しいため，体積は固体，液
  └→水は例外的に，水より氷のほうが体積が大きい。
  体，気体の順に大きくなる。

- □ **状態変化と質量**…温度が変化して物質
  の粒子の動きが変わっても，粒子の数
  は変わらないので，質量は変わらない。

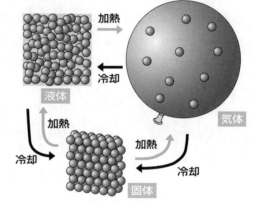

② 沸点と融点

- □ **蒸発と沸騰**

  ・**蒸発**…水の表面での液体→気体の変
  化。温度に関係なくつねに起きている。
  └→水蒸気

  ・**沸騰**…液面だけでなく液体内部から
  も気体になる現象。激しく泡立つ。

- □ **沸点**…加熱により，液体が沸騰して
  └→水の沸点は100℃，エタノールの沸点は78℃である。
  気体になるときの温度。沸騰して
  いる間，温度は沸点で一定になる。

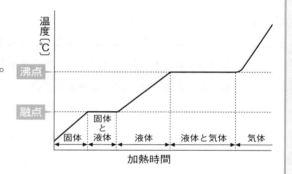

- □ **融点**…加熱により，固体が液体になると
  └→水の融点は0℃，パルミチン酸の融点は63℃である。
  きの温度。固体が液体になる間，温度は
  融点で一定になる。

- □ **純物質と混合物**…1種類の物質でできて
  いるものを純物質（純粋な物質），いくつ
  かの物質が混ざり合ったものを混合物と
  └→混合物の沸点や融点は一定ではない。
  いう。

- □ **蒸留**…液体を沸騰させて気体にし，それ
  └→沸点のちがいを利用している。
  を再び液体にして集める方法。

  ㊟エタノールと水の混合物を加熱すると，
  エタノールを多くふくむ気体が先に出てくる。
  └→エタノールのほうが沸点が低いため。

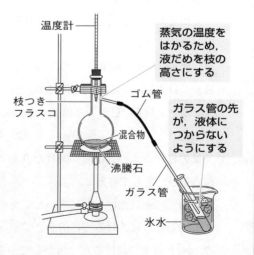

温度計

蒸気の温度を
はかるため，
液だめを枝の
高さにする

枝つき
フラスコ

ゴム管

混合物

ガラス管の先
が，液体に
つからない
ようにする

沸騰石

ガラス管

氷水

ポイント **一問一答**

① 物質の状態変化と体積・質量

□ (1) 物質の状態が温度によって固体・液体・気体と変化することを何というか。

□ (2) 水以外の多くの物質の場合，固体から液体になると，体積は大きくなるか，小さくなるか。

□ (3) 水が固体から液体になると，体積は大きくなるか，小さくなるか。

□ (4) 物質が液体から気体になると，体積は大きくなるか，小さくなるか。

□ (5) 固体・液体・気体と物質の状態が変化すると，質量は変化するか，しないか。

□ (6) 物質の状態が固体・液体・気体と変化すると，物質の粒子の運動のようすは変化するか，しないか。

□ (7) 物質の状態が固体・液体・気体と変化すると，物質の粒子の数は変化するか，しないか。

② 沸点と融点

□ (1) 水の表面で，温度に関係なくつねに起きている，液体から気体への変化を何というか。

□ (2) 液体が，液面だけでなく内部からも激しく泡立ち，気体になる現象を何というか。

□ (3) 加熱により，(2)の現象が起こって液体が気体に変化するときの温度を何というか。

□ (4) 水が(2)の現象によって液体から気体に変化している間，(3)の温度は一定になるか，ならないか。

□ (5) 加熱により，固体が液体になるときの温度を何というか。

□ (6) 水が固体から液体に状態変化している間，(5)の温度は一定になるか，ならないか。

□ (7) 1種類の物質でできているものを何というか。

□ (8) いくつかの物質が混ざり合ったものを何というか。

□ (9) 液体を沸騰させて気体にし，それを再び液体にして集める方法を，何というか。

基礎問題

▶答え　別冊p.9

1 〈液体から固体への変化〉

次の実験について，あとの問いに答えなさい。

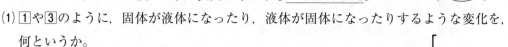

〔実験〕① 右の図のように，ビーカーに固体のろうを入れ，ゆっくり加熱して完全に液体にしてから，液面の高さに印をつけた。

② 液体のろうの質量を，ビーカーごとはかると，98.7gであった。

③ 常温で冷やして，ろうが固体になってから，ビーカーごと質量をはかった。このとき，ろうの表面は印よりも<u>へこんでいた</u>。

(1) ①や③のように，固体が液体になったり，液体が固体になったりするような変化を，何というか。　　　　　　　　　　　　　　　[　　　　　]

(2) ③でろうの表面が下線部のようになった理由を，次のア〜ウから選べ。　[　　　　　]

　ア　一部が気体になって逃げていったため。

　イ　液体になったときに，ろうの一部が燃えてなくなったため。

　ウ　液体が固体になるときに，体積が減ったため。

(3) ③ではかった質量は，どうなっていたか。次のア〜ウから選べ。　[　　　　　]

　ア　98.7gよりも大きくなった。

　イ　98.7gよりも小さくなった。

　ウ　98.7gのままだった。

2 〈エタノールの状態変化〉 **重要**

右の図は，口をしばったポリエチレンの袋の中の，エタノールの粒子を示している。これに熱湯を注ぐと，袋がふくらんだ。次の問いに答えなさい。

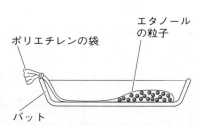

(1) 下線部のようになったのは，液体のエタノールが何に変化したからか。　　　　　　[　　　　　]

⚠ミス注意 (2) 下線部のようになったとき，袋の中のエタノールの粒子のようすはどうなっているか。次のア〜ウから選び，記号で答えよ。　　　　　　　　　　　　　　　[　　　　　]

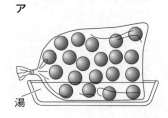
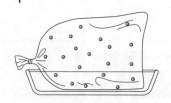
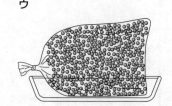

42

3 〈状態変化と温度変化〉 **重要**

右の図は，氷を加熱し続けたときの，加熱時間と温度変化の関係を示したものである。次の問いに答えなさい。

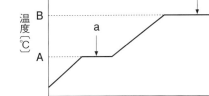

加熱時間〔分〕

(1) 図中の**A**，**B**の温度を，それぞれ何というか。　A [　　　　　]

　　B [　　　　　]

(2) 図中の**A**，**B**の温度は，それぞれ何℃か。

　　A [　　　　] B [　　　　]

(3) 図中の**a**，**b**のときの状態はどうなっているか。次の**ア〜オ**からそれぞれ選び，記号で答えよ。　a [　　　] b [　　　]

　　ア 気体だけしかない。

　　イ 気体と液体が混ざっている。

　　ウ 液体だけしかない。

　　エ 液体と固体が混ざっている。

　　オ 固体だけしかない。

4 〈蒸留〉

右の図のように，エタノールと水が混ざり合ったものを加熱すると，枝つきフラスコ内の液体が沸騰し，試験管**A**に液体がたまった。次の問いに答えなさい。

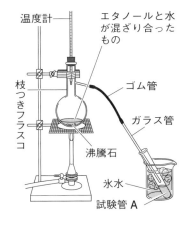

(1) 下線部のように，複数の物質が混ざり合ったものを何というか。　[　　　　　　]

(2) この実験で液体が沸騰しているとき，温度は一定か，一定ではないか。　[　　　　　　]

(3) はじめに試験管**A**にたまった液体は，エタノールと水のどちらを多くふくんでいるか。　[　　　　　　]

(4) (3)のような液体が集められたのは，エタノールと水の何がちがうからか。　[　　　　　　]

(5) この実験のように，液体を沸騰させて気体にし，それを再び液体にして集めることを，何というか。　[　　　　　　]

ヒント

1 2 状態変化では物質の粒子の運動のようすが変わるため，質量は変化せず，体積だけが変化する。

3 純物質の状態変化では，沸点や融点で温度が一定になり，状態変化が終わると温度が変化する。

4 (3) 枝つきフラスコで発生した気体が試験管**A**に入ると，冷えて液体へと状態変化する。

標準問題

▶答え 別冊p.9

1 〈状態変化〉

右の図は，物質の状態変化について模式的に示したものである。
次の問いに答えなさい。

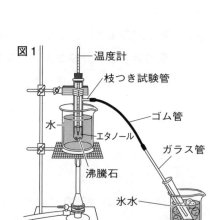

(1) 図中のA〜Cの状態を，それぞれ何というか。

A [　　　　　　　] B [　　　　　　　]

C [　　　　　　　]

(2) 加熱したときの変化を示す矢印を，図中のa〜fからすべて選
び，記号で答えよ。 [　　　　　　　]

差がつく (3) 次の①〜③のときに起きている状態変化は，図中のa〜fのどれにあてはまるか。それぞれ
記号で答えよ。

① 寒い地域では，冬になると池の水面がこおる。 [　　　　　]

② 水たまりの水が，時間がたつとなくなる。 [　　　　　]

③ 保冷剤のドライアイスはしだいに小さくなり，最後には何も残らない。 [　　　　　]

2 〈エタノールの沸騰〉 🔊重要

図1のようにしてエタノールを加熱し，そのときの加
熱時間と温度変化の関係を，図2にまとめた。次の問
いに答えなさい。

(1) エタノールを直接加熱していないのはなぜか。簡単に
説明せよ。[　　　　　　　　　　　　　　]

(2) エタノールが沸騰し始めたのはいつか。次のア〜エか
ら選び，記号で答えよ。 [　　　　]

ア 2分後　　　イ 6分後

ウ 10分後　　エ 12分後

(3) エタノールの沸点は何℃か。次のア〜エから選
び，記号で答えよ。 [　　　　]

ア 0℃　　　イ 22℃

ウ 78℃　　　エ 100℃

(4) ガスバーナーの火を消すときには，まず，ガラ
ス管の先が，試験管Aにたまったエタノールに
つかっていないことを確認する必要がある。そ
の理由を簡単に説明せよ。

[　　　　　　　　　　　　　　　　　　　　　　　　　　　　　　]

3 〈固体から液体に変わるときの温度変化〉

図1のようにしてパルミチン酸を加熱し，そのときの加熱時間
と温度変化の関係を，図2にまとめた。次の問いに答えなさい。

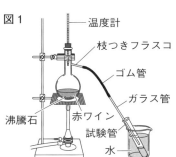

図1

温度計
切りこみを
つけたゴム栓
パルミチン酸
5g
水
沸騰石

(1)図2のA～Cでは，パルミチン酸の状態はどうなっているか。
次のア～オからそれぞれ選び，記号で答えよ。

A [　　　　] B [　　　　] C [　　　　]

ア　液体だけしかない。

イ　ほとんど液体で，固体が少し混ざっている。

ウ　同じくらいの体積の固体と液体が混ざっている。

エ　固体が少しだけとけ始めている。

オ　固体だけしかない。

(2)パルミチン酸の融点は何℃か。次のア～エから選び，
記号で答えよ。　　　　　　　　　　　[　　　　]

ア　0℃　　　イ　43℃

ウ　63℃　　　エ　85℃

図2

（温度〔℃〕のグラフ。縦軸：温度〔℃〕0～80，横軸：加熱時間〔分〕0～20。A，B，Cの矢印あり）

4 〈赤ワインの蒸留〉

図1のような装置を使って赤ワインを加熱すると，
試験管に液体が集まった。図2は，加熱した時間と
出てきた気体の温度変化の関係を示したものである。
次の問いに答えなさい。

図1

温度計
枝つきフラスコ
ゴム管
ガラス管
沸騰石
赤ワイン
試験管
水

(1)図1のフラスコ内に沸騰石を入れてあるのはなぜか。
理由を簡単に説明せよ。

[　　　　　　　　　　　　　　　　　　　　　　　]

(2)図2のA，Bのときに集めた液体は，それぞれどの
ような特徴があるか。次のア～エからそれぞれ選び，
記号で答えよ。　　　A [　　　　] B [　　　　]

ア　においがなく，火をつけると燃える。

イ　においがなく，火をつけても燃えない。

ウ　においがあり，火をつけると燃える。

エ　においがあり，火をつけても燃えない。

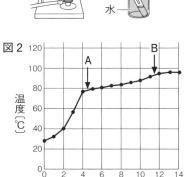

図2

（温度〔℃〕のグラフ。縦軸：温度〔℃〕0～120，横軸：加熱時間〔分〕0～14。A，Bの矢印あり）

(3)次の文章は，(2)のようになった理由を説明したもの
である。①～④の[　]に適当な語を入れ，文章を完成させよ。

①[　　　　] ②[　　　　] ③[　　　　] ④[　　　　]

エタノールの[　①　]は78℃，水の①は[　②　]なので，図2のAのときには[　③　]が
多くふくまれ，Bのときには[　④　]が多くふくまれているから。

実力アップ問題

1 右の表は，いろいろな物質の1cm³あたりの質量を示したものである。次の問いに答えなさい。 ⟨3点×7⟩

固体の1cm³あたりの質量〔g/cm³〕	
氷	0.92
アルミニウム	2.70
鉄	7.87
銅	8.96
銀	10.50

(1) 1cm³あたりの質量を何というか。

(2) 金属の性質についての説明で正しいものを，次の**ア～オ**からすべて選び，記号で答えよ。

    ア たたくとのびて，うすく広がる。

    イ 電流が流れにくい。

    ウ 熱を伝えやすい。

    エ 引っ張ると細くのびる。

    オ 磁石を近づけると，磁石につく。

(3) 表中の物質で，水に浮くものを選べ。

(4) 体積が25cm³のアルミニウムの質量は何gか。

(5) 質量が50gの鉄の体積は何cm³か。小数第3位を四捨五入して答えよ。

(6) 右の図は，物質**X**を入れたメスシリンダーのようすを示している。次の①，②の問いに答えよ。

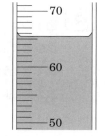

    ① 物質**X**の体積は何cm³か。ただし，メスシリンダーに入れた水は50.0mLであった。

    ② この物質**X**の質量は122gであった。物質**X**は，表中のどの物質であると考えられるか。

(1)		(2)		
(3)				
(4)		(5)		(6) ① ②

2 次の実験について，あとの問いに答えなさい。

〔実験〕① 右の図のような装置を2つ用意した。一方の装置の三角フラスコには石灰石を入れ，うすい塩酸を加えて，発生した気体Xを集めた。もう一方には二酸化マンガンを入れ，うすい過酸化水素水を加えて，発生した気体Yを集めた。

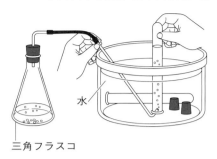

水

三角フラスコ

② 気体X，Yを集めたそれぞれの試験管に，石灰水を入れてからゴム栓をしてよく振り，どうなるかを調べた。

③ 気体X，Yを集めたそれぞれの試験管に火のついた線香を入れ，どうなるかを調べた。

(1) 図のような気体の集め方を何というか。

(2) 図のような方法で集めることができないのは，どのような性質をもつ気体か。

(3) (2)のような性質をもつ気体を集める方法の名前を2つ書け。

(4) ①で気体を集めるときには，はじめに出てくる気体は集めずに，しばらくしてから集める。この理由を簡単に説明せよ。

(5) ②の結果はどうなったか。次の**ア〜エ**からそれぞれ選び，記号で答えよ。

ア 青紫色に変化した。

イ 赤色に変化した。

ウ 白くにごった。

エ 何も変化が起きなかった。

(6) ③の結果はどうなったか。次の**ア〜エ**からそれぞれ選び，記号で答えよ。

ア 気体に火がついて爆発した。

イ 線香が激しく燃えた。

ウ 線香がすぐに消えた。

エ 線香には何も変化が起こらなかった。

(7) 気体X，Yの名前をそれぞれ書け。

(1)		(2)					
(3)							
(4)							
(5) X	Y	(6) X	Y	(7) X		Y	

3 水180gに硝酸カリウム20gを溶かして，水溶液Aを200gつくった。また，<u>水x〔g〕に硝酸カリウムy〔g〕を溶かして，質量パーセント濃度が15%の水溶液Bを300gつくった。</u>次の問いに答えなさい。 〈2点×8〉

(1) 水溶液A，Bの溶媒と溶質を，それぞれ答えよ。

(2) 水溶液Aの質量パーセント濃度は何%か。

(3) 水溶液Aを100gとり，とり出したものに水を60g加えると，質量パーセント濃度は何%になるか。小数第2位を四捨五入して答えよ。

(4) 下線部のx，yの値を求めよ。

(5) 水溶液Bを100gとり，硝酸カリウムを15g加えると，質量パーセント濃度は何%になるか。小数第2位を四捨五入して答えよ。

(6) 100gの水溶液Aと200gの水溶液Bを混ぜ合わせると，質量パーセント濃度は何%になるか。小数第2位を四捨五入して答えよ。

(1)	溶媒	溶質	(2)		(3)	
(4)	x	y	(5)		(6)	

4 右の図は，4種類の物質の溶解度曲線を示したものである。次の問いに答えなさい。 〈2点×5〉

(1) 物質が溶解度まで溶けている水溶液のことを何というか。

(2) 4種類の物質から，80℃の水100gに30gを溶かそうとしたときに，溶け残りができるものを選び，物質の名前を書け。

(3) 4種類の物質を，それぞれ10gずつ10℃の水20gに入れてかき混ぜると，すべて溶け残りができた。これらを同時にゆっくりあたためていったとき，最初にすべてが溶けきるものはどれか。物質の名前を書け。

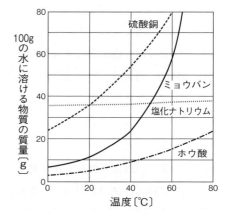

(4) 4種類の物質を，それぞれ60℃の水100gに溶けるだけ溶かして水溶液をつくり，これらを20℃まで冷やしたとき，出てくる結晶の量が多いものから順に並べよ。

(5) 水溶液から水を蒸発させたり，(4)のように水溶液の温度を下げたりして，溶けている物質を結晶としてとり出すことを何というか。

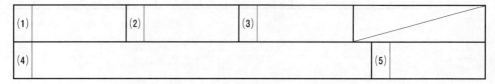

(1)		(2)		(3)		
(4)					(5)	

5 図1のような装置でパルミ
チン酸を加熱すると，図2
のように温度が変化した。
次の問いに答えなさい。

〈(1)5点，(2)～(4)2点×5〉

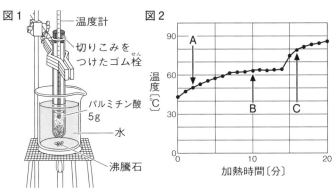

(1) 図1のビーカーに沸騰石（ふっとうせき）
を入れてあるのはなぜか。
理由を簡単に説明せよ。

(2) 図2のＡ，Ｂ，Ｃのとき，パルミチン酸の状態はどうなっているか。次のア～オからそれぞ
れ選び，記号で答えよ。

ア　固体だけの状態　　　　イ　固体と液体が混ざり合っている状態
ウ　液体だけの状態　　　　エ　液体と気体が混ざり合っている状態
オ　気体だけの状態

(3) 図2のＢのときの温度を何というか。

(4) パルミチン酸の量を2倍にしたとき，(3)の温度はどうなるか。

(1)						
(2)	A	B	C	(3)		(4)

---

6 次の実験について，あとの問いに答えなさい。

〈(1)～(3)3点×3，(4)5点〉

〔実験〕エタノール4cm³と水20cm³が混（こんごう）ざり合った混合
物（ぶつ）を右の図のようにして加熱し，出てきた液体を，順
に3本の試験管に約3cm³ずつ集めた。

(1) フラスコの中の液体が沸騰しているとき，温度は一定
か，一定ではないか。

(2) この実験のように，液体を沸騰させて出てきた気体を
冷やし，再び液体にして集める方法を何というか。

(3) 実験で液体を集めた3本の試験管のうち，エタノール
が最も多くふくまれている試験管は，何本目か。

(4) (3)のようになるのはなぜか。その理由を簡単に説明せ
よ。

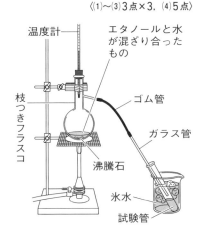

(1)		(2)		(3)		
(4)						

❶光の性質

重要ポイント

① 光の進み方

- ☐ **光の直進**…光が，均質な物質の中を**まっすぐに進む**こと。
  _{└空気，水，ガラスなど┘}
- ☐ **光の反射**…光が，鏡などに当たるとはね返ること。
  - ・反射の法則…光が反射するとき，必ず**入射角＝反射角**となる。
- ☐ **光の屈折**…光が異なる物質に入るとき，その境
  _{└一部の光は反射している。}
  界面で進路が折れ曲がること。
  _{└境界面に直角に入射した光は直進する。}
  - ・空気→ガラス・水のとき…**入射角＞屈折角**
  - ・ガラス・水→空気のとき…**入射角＜屈折角**
    _{└光ファイバーなどに応用}
- ☐ **全反射**…入射角がある大きさ以上になると，屈
  _{└水→空気で49°}
  折光がなくなり，全部の光が反射すること。

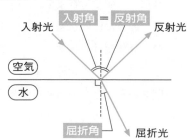

② 鏡にうつる像

- ☐ **1枚の鏡にうつる像**
  - ・大きさ…**実物と同じ**。
  - ・位置…鏡に対して実物と**対称**。
  - ・向き…**上下は実物と同じ**になり，**左右は実物
    と反対**になる。

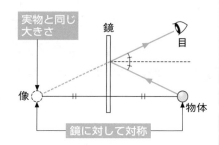

③ 凸レンズ
_{└①～③のうちの2つを使って像を作図する。}

- ☐ **凸レンズを通る光の進み方**
  - ①光軸に平行な光
    - →反対側の**焦点を通る**。
  - ②凸レンズの中心を通る光
    - →**そのまま直進**する。
  - ③焦点を通る光
    - →**光軸に平行に進む**。

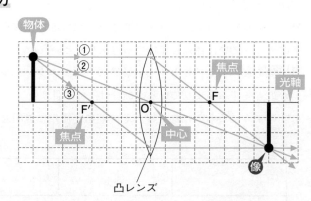

- ☐ **実像**…凸レンズを通った光
  _{└物体を焦点の外側に置いたとき}
  が実際に集まってできる
  像。すべて**倒立**。
  _{└上下左右が逆}
- ☐ **虚像**…光が集まらず，凸レンズをのぞいたときに見える像。すべて**正立**。
  _{└物体を焦点の内側に置いたとき} _{└物体と同じ向き}

テストでは **ココ** が ねらわれる
●入射角・反射角・屈折角がどの角を指すのか，正確におぼえておく。
●反射・屈折・凸レンズのそれぞれの光の進み方について作図ができるようにしておく。
●凸レンズによる像は，物体と焦点の位置関係で，大きさや位置が決まる。

ポイント 一問一答

①光の進み方

☐ (1) 光は，均質な物質の中をどのように進むか。

☐ (2) 光は，鏡などに当たるとはね返る。この現象を何というか。

☐ (3) 光が反射するとき，入射角と反射角の大きさはどうか。

☐ (4) (3)の関係が成り立つことを何というか。

☐ (5) 光が異なる物質に入るとき，その境界面で進路が折れ曲がる。この現象を何というか。

☐ (6) 光が空気からガラスに入るとき，入射角と屈折角のどちらが大きいか。

☐ (7) 光がガラスから空気に入るとき，入射角を42°より大きくすると，屈折光がなくなり，全部の光が反射する。この現象を何というか。

②鏡にうつる像

☐ (1) 鏡にうつった像について，次の①〜③が実物とくらべてどうか。
　　　① 大きさ　　　　② 位置　　　　③ 向き

③凸レンズ

☐ (1) 次の光は，凸レンズを通ったあとどのように進むか。
　　　① 光軸に平行な光
　　　② レンズの中心を通る光
　　　③ 焦点を通る光

☐ (2) 実際に光が集まってできる像を何というか。

☐ (3) (2)の像の向きは，実物とくらべてどうか。

☐ (4) 実際には光が集まっているわけではない像を何というか。

☐ (5) (4)の像の向きは，実物とくらべてどうか。

答
①(1) 直進(する。)　(2) (光の)反射　(3) 等しい。　(4) 反射の法則　(5) (光の)屈折　(6) 入射角
　(7) 全反射
②(1) ① 同じ。　② 鏡に対して対称　③ 上下は同じで，左右は反対
③(1) ① 凸レンズの反対側の焦点を通る。　② 直進する。　③ 光軸に平行に進む。　(2) 実像
　(3) 上下左右が逆　(4) 虚像　(5) 物体と同じ向き

基(礎)問(題)

▶答え　別冊p.11

1 〈光の反射〉

右の図は，光が鏡で反射するようすを示したものである。次の問いに答えなさい。

⚠️ ミス注意 (1) 次の①，②の角を，図中の**a〜d**からそれぞれ選び，記号で答えよ。

① 入射角　　　　　　　　　　[　　　　　]

② 反射角　　　　　　　　　　[　　　　　]

(2) 光が反射するとき，入射角と反射角の大きさにはどのような関係が成り立つか。次の**ア〜ウ**から選び，記号で答えよ。　　　　　　　　　　　　[　　　　　]

ア　入射角＞反射角　　　**イ**　入射角＝反射角　　　**ウ**　入射角＜反射角

2 〈光の屈折〉

右の図は，光が水面で屈折するようすを示したものである。次の問いに答えなさい。

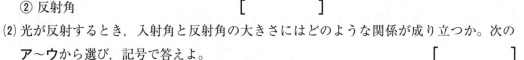

⚠️ ミス注意 (1) 屈折角を図中の**a〜d**から選び，記号で答えよ。

[　　　　　]

(2) 光が空気→水と進むとき，入射角と屈折角の大きさにはどのような関係が成り立つか。次の**ア〜ウ**から選び，記号で答えよ。　　　　[　　　　　]

ア　入射角＞屈折角　　　**イ**　入射角＝屈折角　　　**ウ**　入射角＜屈折角

(3) 図の状態から入射角を大きくすると，屈折角の大きさはどうなるか。次の**ア〜ウ**から選び，記号で答えよ。　　　　　　　　　　　　[　　　　　]

ア　大きくなる。　　　　**イ**　変わらない。　　　　**ウ**　小さくなる。

3 〈光の進み方〉 ●→重要

次の①〜③に示した光は，境界面で反射・屈折してどのように進むか。それぞれ**ア〜ウ**から選び，記号で答えなさい。　　①[　　　] ②[　　　] ③[　　　]

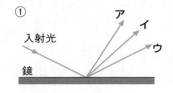

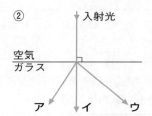

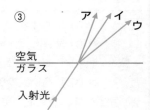

4 〈鏡にうつる像〉

鏡の前に電球を置くと，鏡に電球がうつり，そこから光が出ているように見えた。右の図は，そのときのようすを模式的に表したものである。次の問いに答えなさい。

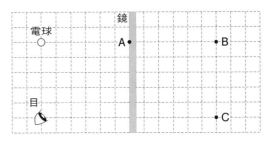

(1) 電球の像の位置を図中のA～Cから選び，記号で答えよ。　　[　　　　　　]

(2) 鏡にうつった像の大きさは，実際の電球とくらべてどうであるか。

[　　　　　　　　　　　　　　　　]

5 〈凸レンズを通る光〉 🔑重要

次の①～③の光は，凸レンズを通ったあと，どのように進むか。それぞれア～ウから選び，記号で答えなさい。ただし，Fは焦点を示している。

① [　　　　] ② [　　　　] ③ [　　　　]

6 〈実像と虚像〉 🔑重要

焦点距離が25cmの凸レンズを使い，像のでき方を調べた。物体の位置が次の①，②のときの像は，それぞれ実像と虚像のどちらですか。

① 物体が凸レンズの中心から50cmのとき

[　　　　　　]

② 物体が凸レンズの中心から15cmのとき

[　　　　　　]

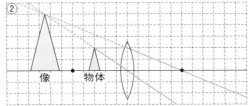

💡ヒント

1 (1) 入射角・反射角は，鏡の面に立てた垂線と光がなす角である。

2 (1) 屈折角は，水面に立てた垂線と屈折光がなす角である。

4 (1) 鏡による像は，鏡に対して実物とは対称な位置にできる。

6 実際に光が集まっていれば実像，実際には光が集まっていなければ虚像である。

1 〈光の反射〉 ⊸◯重要)
右の図は，鏡の前に立っているA〜Eの5人の位置関係を真上から見て表したものである。次の問いに答えなさい。

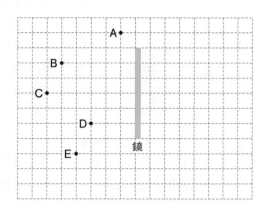

⚠ミス注意 (1) Aには，鏡にうつったDが見えた。このときの光の道すじを，図中にかき入れよ。

(2) Cは，自分以外のだれを鏡の中に見ることができるか。すべて選び，記号で答えよ。

[   ]

🏆がっく (3) 鏡にうつって見える像は，実像と虚像のどちらか。 [   ]

2 〈半円形レンズを使った実験〉
半円形レンズを用いて次の実験を行った。あとの問いに答えなさい。

〔実験〕① 30°間隔に線を引いた記録用紙を用意し，記録用紙の中心に半円形レンズの平らな面の中心を合わせて置いた。

② 図1のように半円形レンズの中心に光を当て，光の道すじを調べた。

③ 図2のように半円形レンズの中心に光を当て，光の道すじを調べた。

図1 入射光 ア イ ウ 記録用紙 半円形レンズ エ オ カ

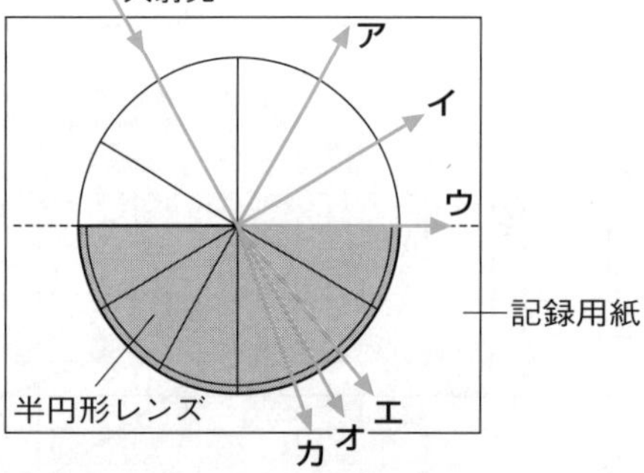

図2 入射光 ア イ ウ 半円形レンズ エ オ カ

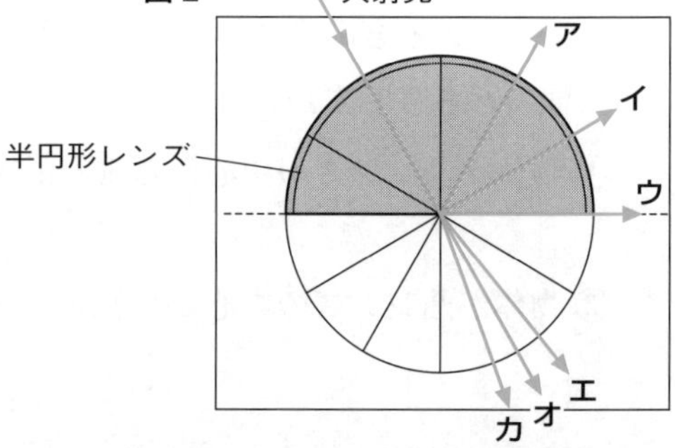

(1)図1のときの屈折光と反射光の道すじを図の**ア〜カ**からそれぞれ1つ選び，記号で答えよ。

屈折光 [   ] 反射光 [   ]

(2)図2のときの屈折光と反射光の道すじを図の**ア〜カ**からそれぞれ1つ選び，記号で答えよ。

屈折光 [   ] 反射光 [   ]

(3)実験の③で，入射角を大きくしていくと，一方の光がなくなり，光は1本になった。

① なくなった光は，屈折光と反射光のどちらか。 [   ]

② このような現象を何というか。 [   ]

3 〈台形ガラスを使った実験〉

台形ガラスを用いて次の実験を行った。あとの問いに答えなさい。

〔**実験1**〕 図1のように台形ガラスに光を当て，光の進む道すじを調べた。

〔**実験2**〕 図2のように台形ガラスと鉛筆を置き，ガラスを通して鉛筆がどのように見えるかを調べた。

図1

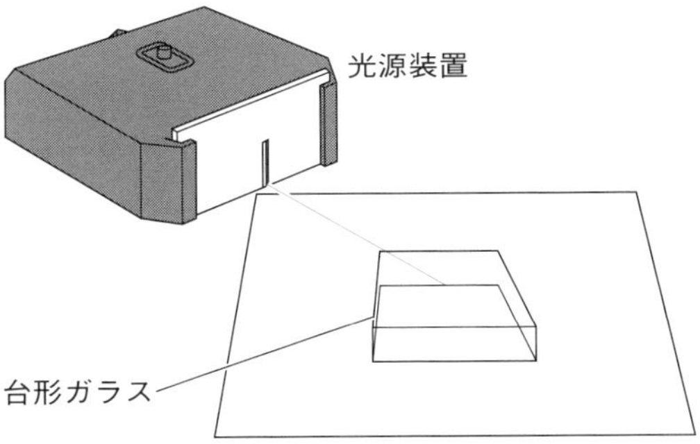

光源装置

台形ガラス

図2

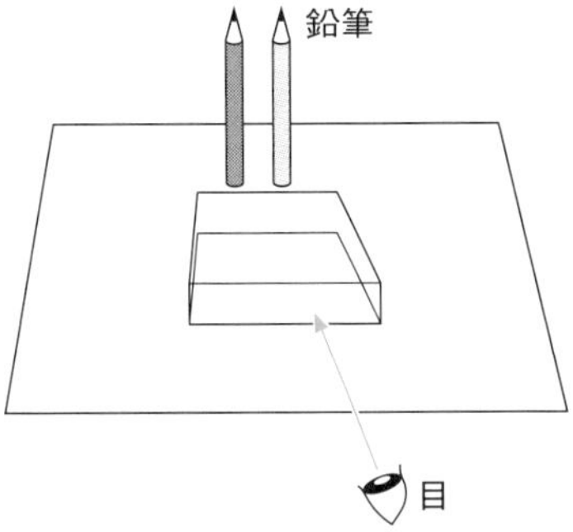

鉛筆

目

(1) **実験1**で，台形ガラス内に入った光が進む道すじとして正しいものを次の**ア〜エ**から選び，記号で答えよ。 [   ]

ア 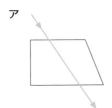　　イ 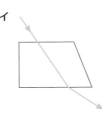　　ウ 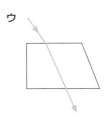　　エ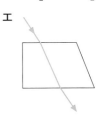

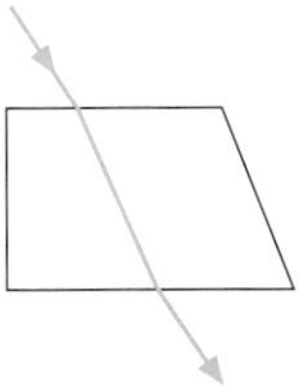

(2) **実験2**で，2本の鉛筆はガラスを通してどのように見えるか。次の**ア〜エ**から選び，記号で答えよ。 [   ]

ア 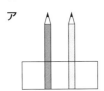　　イ 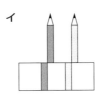　　ウ 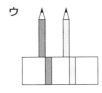　　エ

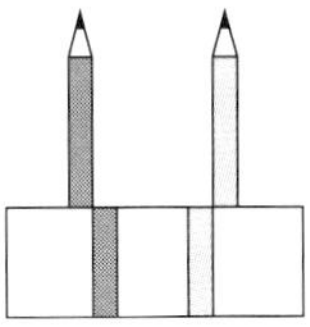

(3) (2)のように鉛筆が見えたのと同じ原因で起こる現象を，次の**ア〜オ**から2つ選び，記号で答えよ。 [   ][   ]

　　ア　静かな水面に，まわりの景色がうつって見える。

　　イ　林に日光が差しこむと，光の道すじが光って見える。

　　ウ　ジュースが入ったグラスにストローをさすと，ストローが折れ曲がって見える。

　　エ　プールにもぐって水面をななめ下から見ると，水面にプールの底がうつって見える。

　　オ　底にコインの入ったカップに静かに水を注ぐと，はじめは見えなかったコインが見えるようになる。

1 〈像の作図〉🔑重要

次の①～④のように凸レンズと物体が置かれているとき，凸レンズによる像を作図しなさい。ただし，作図に使った線は残しておくこと。また，Fは焦点を示している。

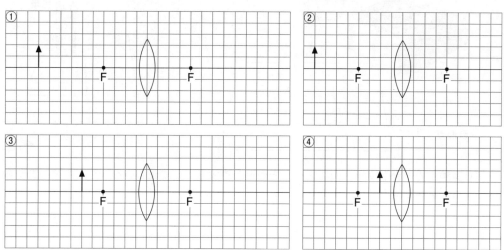

2 〈凸レンズを使った実験〉🔑重要

凸レンズを用いて次の実験を行った。あとの問いに答えなさい。

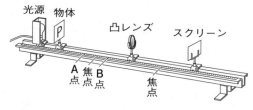

〔実験〕① 右の図のように，光学台に凸レンズを固定し，光源，透明なガラスにPと書かれている物体，スクリーンを置いた。スクリーンの位置を調節すると，スクリーンに像がうつった。

② 物体の位置を少しずつ凸レンズに近づけていき，そのたびにスクリーンの位置を調節して，スクリーンの位置とうつる像の大きさを調べた。

(1)物体から出て凸レンズを通過し，スクリーンに達した光は，空気と凸レンズの境界で進む向きを変える。このように，光が種類の異なる物質に進むとき，その境界で進む向きを変える現象を何というか。　　　　　　　　　　　　　　　　　　　　　　　　[　　　　　　]

⚠️ミス注意 (2)実験の①で，スクリーンにうつった像として正しいものを次のア～エから選び，記号で答えよ。ただし，像は凸レンズ側から見るものとする。　　　　　　　　　　　　[　　　　　　]

ア 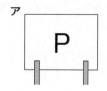　イ 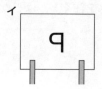　ウ 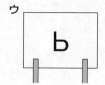　エ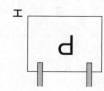

(3) 実験の②で，物体の位置がA点のとき，スクリーンに像がうつった。

① スクリーンの位置は，実験の①のときとくらべてどうなっているか。

[　　　　　　　　　　　]

② スクリーンにうつった像の大きさは，実験の①のときとくらべてどうなっているか。

[　　　　　　　　　　　]

③ スクリーンに像がうつっているときに，凸レンズの上半分を黒い紙でかくすと，像はどうなるか。次のア〜エから選び，記号で答えよ。[　　　　　　]

ア　像の上半分が消える。　　　　イ　像の下半分が消える。

ウ　像全体が消える。　　　　　　エ　像が暗くなる。

(4) 実験の②で，物体の位置がB点のとき，スクリーンの位置を調整しても像はうつらなかった。しかし，スクリーン側から凸レンズを見ると，像が見えた。

① このときに見えた像の向きは，物体とくらべてどうなっているか。

[　　　　　　　　　　　]

② 見えた像の大きさは，物体とくらべてどうなっているか。

[　　　　　　　　　　　]

3 〈焦点距離の求め方〉
焦点距離の求め方について，次の問いに答えなさい。

(1) 日光を使って焦点距離を求める方法を，簡単に説明せよ。

[　　　　　　　　　　　　　　　　　　　　　　　　　　　　　　]

(2) 次の表は，ある凸レンズについて，物体から凸レンズまでの距離a〔cm〕と，凸レンズからスクリーンにうつった像までの距離b〔cm〕の関係をまとめたものである。この凸レンズの焦点距離は何cmか。[　　　　　　　]

物体から凸レンズまでの距離a〔cm〕	20.0	25.0	30.0	35.0	40.0	45.0
凸レンズから像までの距離b〔cm〕	60.0	37.5	30.0	26.3	24.0	22.5

4 〈凸レンズを使った道具〉
図1は虫眼鏡で近くにある物体を見たときのようすであり，図2は虫眼鏡で遠くにある物体を見たときのようすである。次の問いに答えなさい。

図1　　　　図2

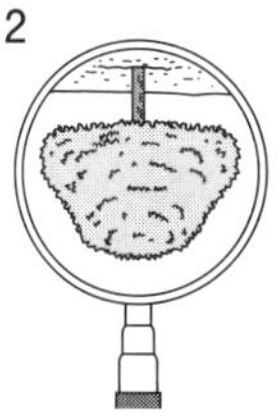

(1) 図1，図2で見ているのは，それぞれ実像と虚像のどちらか。

図1 [　　　　] 図2 [　　　　]

(2) 図1，図2で物体がどのような位置にあるかを，次のア〜ウからそれぞれ選び，記号で答えよ。

図1 [　　　　] 図2 [　　　　]

ア　虫眼鏡の焦点の外側　　イ　虫眼鏡の焦点上　　ウ　虫眼鏡の焦点の内側

3章
身のまわりの現象

②音の性質

重要ポイント

① 音の伝わり方

☐ **音の正体**…物体の振動による空気の振動。
　　└音を出している物体を音源または発音体という。
☐ **音を伝えるもの**…物体中を振動が次々と
　　└音さの場合，音さ→空気→鼓膜と振動が伝わる。
　　伝わることによって，音が伝わる。

　①音は，空気などの気体のほか，水などの
　　液体，金属などの固体中を伝わる。
　②音は，真空中では伝わらない。

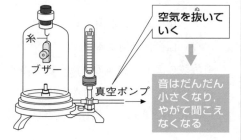

空気を抜いていく

→

音はだんだん小さくなり，やがて聞こえなくなる

☐ **音の伝わり方**…音は，物質中を波として伝わる。
　　└振動している物体自体は移動しない。　└sは秒
☐ **音の伝わる速さ**…物質によって異なり，空気中では約340 m/s で伝わる。
　　└水…約1500 m/s，鉄…約6000 m/s　└光（約30万 km/s）にくらべると，かなり遅い。
☐ **音の反射**…音は，かたくて大きなものに当たると，はね返る。
　　　　　　　　　　　　　　　　　　　　　　　└やまびこなど
☐ **共鳴**…音源は，自分が出す音と同じ高さの音を受けると，振動し始める。
　　　　　たとえば，同じ音さを2個置いて一方を鳴らすと，もう一方も鳴り始める。┘

② 音の大きさと高さ

☐ **音の大きさ**…振幅によって決まる。
　・振幅…音源が振れる幅。
　・**音源の振幅が大きいほど音は大きい。**
☐ **音の高さ**…振動数によって決まる。
　・振動数…音源が一定時間に振動する回数。1秒間に1回振動するとき，**1 Hz** とする。
　　└1秒間に60回振動なら60Hz
　・**音源の振動数が多いほど音は高い。**

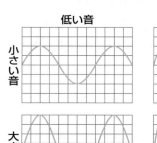

低い音　　高い音

小さい音

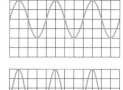

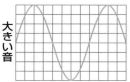

大きい音

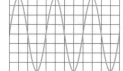

③ 弦の振動

☐ **音の大きさ**…はじく強さによって決まる。
☐ **音の高さ**…弦の長さ，太さ，はる強さによって決まる。

音の大きさ	弦をはじく強さ
大きい	強い
小さい	弱い

└振幅が変わる。

音の高さ	弦の長さ	弦の太さ	弦をはる強さ
高い	短い	細い	強い
低い	長い	太い	弱い

└振動数が変わる。

ポイント **一問一答**

① 音の伝わり方

- ☐ (1) 音を出している物体を何というか。
- ☐ (2) 音は，音源がどうなることによって発生するか。
- ☐ (3) 音は，気体中を伝わるか。
- ☐ (4) 音は，液体中を伝わるか。
- ☐ (5) 音は，固体中を伝わるか。
- ☐ (6) 音は，真空中を伝わるか。
- ☐ (7) 音が空気中を伝わる速さは，およそ何m/sか。
- ☐ (8) 音と光では，どちらが速いか。
- ☐ (9) 音源が，自身が出す音と同じ高さの音を受けたときに振動し始める現象を，何というか。

② 音の大きさと高さ

- ☐ (1) 音源が振れる幅を何というか。
- ☐ (2) (1)が大きいほど，音はどうなるか。
- ☐ (3) 音源が一定時間に振動する回数を何というか。
- ☐ (4) (3)が多いほど，音はどうなるか。
- ☐ (5) (3)の単位は何か。

③ 弦の振動

- ☐ (1) 弦を強くはじくほど，音はどうなるか。
- ☐ (2) 弦を長くするほど，音はどうなるか。
- ☐ (3) 弦を太くするほど，音はどうなるか。
- ☐ (4) 弦を強くはるほど，音はどうなるか。

答

① (1) 音源[発音体] (2) 振動すること (3) 伝わる。 (4) 伝わる。 (5) 伝わる。 (6) 伝わらない。
(7) 340m/s (8) 光 (9) 共鳴
② (1) 振幅 (2) 大きくなる。 (3) 振動数 (4) 高くなる。 (5) ヘルツ(Hz)
③ (1) 大きくなる。 (2) 低くなる。 (3) 低くなる。 (4) 高くなる。

基礎問題

▶答え　別冊p.13

1 〈音の伝わり方〉

右の図のような装置をつくり，真空ポンプにつないだ。次の問いに答えなさい。

(1) ブザーのように，音を出す物体を何というか。
　　　　　　　　　　　　　　　　　　　[　　　　　]

(2) ブザーを鳴らすと，音が聞こえた。このとき，音は何として伝わるか。　　　　　　　[　　　　　]

(3) 次のア～エのうち，音が伝わるものをすべて選び，記号で答えよ。　[　　　　　]

　　ア　気体中　　　イ　液体中　　　ウ　固体中　　　エ　真空中

(4) びんの中の空気を抜いていくと，ブザーの音はどうなるか。次のア～ウから選び，記号で答えよ。　　　　　　　　　　　　　　　　　[　　　　　]

　　ア　しだいに大きくなる。　　　イ　しだいに小さくなる。　　　ウ　変わらない。

2 〈音の伝わる速さ〉 🔊重要

図1はAさんがBさんを呼んでいるとき，図2はやまびこを聞いているとき，図3は雷の音が聞こえるときのようすを示している。音が空気中を伝わる速さを340m/sとして，あとの問いに答えなさい。

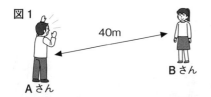
図1

図2

図3

(1) 図1で，AさんとBさんの距離は40mである。Aさんが出した声は，約何秒後にBさんに届くか。次のア～エから選び，記号で答えよ。　　　[　　　　　]

　　ア　約0.1秒後　　　イ　約0.3秒後　　　ウ　約0.5秒後　　　エ　約0.7秒後

⚠️ミス注意 (2) 図2で，Cさんがさけんでからやまびこが聞こえるまでにほぼ5秒かかった。Cさんと山の距離は約何mか。次のア～エから選び，記号で答えよ。　[　　　　　]

　　ア　約450m　　　イ　約850m　　　ウ　約1300m　　　エ　約1700m

(3) 図3で，Dさんが雷が光ったのを見てから雷の音を聞くまで，約2秒かかった。Dさんと雷が発生した場所の距離は何mか。次のア～エから選び，記号で答えよ。

　　　　　　　　　　　　　　　　　　　　　　　　　　　[　　　　　]

　　ア　約100m　　　イ　約300m　　　ウ　約500m　　　エ　約700m

3 〈音の大きさと高さ〉 **重要**

図1のように，音さをたたいたときの音をオシロスコープで観察した。図2は，そのとき得られた波形である。次の問いに答えなさい。

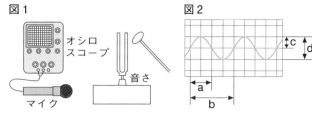

図1　オシロスコープ　マイク　音さ

図2

ミス注意 (1) 振幅（しんぷく）を表しているのは，図2のa～dのどれか。記号で答えよ。　[　　　]

ミス注意 (2) 音源が1回振動（しんどう）するのにかかる時間を表しているのは，図2のa～dのどれか。記号で答えよ。　[　　　]

(3) もう一度音さをたたくと，はじめより音が大きくなった。このときの波形を次のア～エから選び，記号で答えよ。ただし，目盛り1マスの示す幅は縦横とも図2と同じものとする。　[　　　]

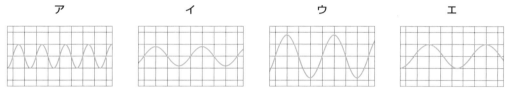

ア　　　　イ　　　　ウ　　　　エ

(4) 別の音さにかえてたたくと，はじめより音が高くなった。このときの波形を(3)のア～エから選び，記号で答えよ。　[　　　]

4 〈弦（げん）の振動〉

図1，図2は，音を出している弦の振動のようすを表している。次の問いに答えなさい。

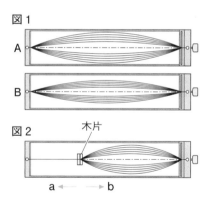

図1　A　B
図2　木片　a　b

(1) 図1で大きい音を出しているのは，A，Bのどちらか。記号で答えよ。　[　　　]

(2) 図1で，弦を強くはじいたのは，A，Bのどちらか。記号で答えよ。　[　　　]

(3) 図2で音を高くするには，木片をa，bのどちらに動かせばよいか。記号で答えよ。　[　　　]

 ヒント

1 (3)(4) 音は，物体の振動がわたしたちの耳の鼓膜（こまく）に伝わらないと聞こえない。
2 (2) 音は，Cさんと山の間を往復している。
　(3) 光は，発生してから一瞬（いっしゅん）でわたしたちの目に届く。
3 (3)(4) 音の大きさは振幅，音の高さは振動数で決まる。
4 (3) 弦が長いほど，音は低くなる。

1 〈音の伝わる速さ〉
音の速さを求めるために，次の実験を行った。あとの問いに答えなさい。

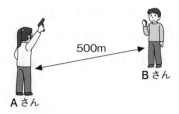

〔実験〕① 500m離れた2地点にそれぞれ，競技用ピストルを持ったAさんと，ストップウォッチを持ったBさんが立つ。

② Aさんがピストルを鳴らす。Bさんはストップウォッチで，ピストルのけむりが見えてから，音が聞こえるまでの時間をはかる。

〔結果〕 測定を5回行ったところ，次の表のような結果が得られた。

回数	1回目	2回目	3回目	4回目	5回目
時間〔秒〕	1.47	1.44	1.46	1.47	1.48

(1) 音が伝わるのにかかった時間は，平均何秒か。答えは四捨五入して小数第2位まで求めよ。

[　　　　　]

(2) 音が空気中を伝わる速さは，何m/sか。答えは四捨五入して整数で求めよ。 [　　　　　]

(3) 同じ測定を5回行い，その平均を使って音の速さを求めたのはなぜか。簡単に説明せよ。

[　　　　　　　　　　　　　　　　　　　　　　　　　　　　　　]

2 〈音の大きさと高さ〉 重要
次のA～Fは，いろいろな音の波形を，コンピュータを用いて表したものである。あとの問いに答えなさい。ただし，目盛り1マスの示す幅は縦横ともすべて同じものとする。

A
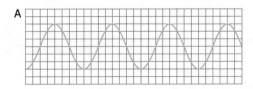

B
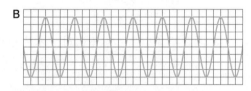

C

D
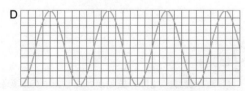

E
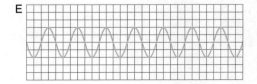

F
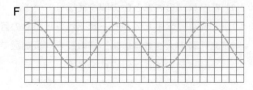

(1) 最も低い音の波形は，A〜Fのどれか。 [   ]

(2) 最も小さい音の波形は，A〜Fのどれか。 [   ]

(3) Aと同じ高さの音をB〜Fからすべて選び，記号で答えよ。 [   ]

(4) Aと同じ大きさの音をB〜Fからすべて選び，記号で答えよ。 [   ]

3 〈弦の振動と音の波形〉 🏠がつく

図1のように，ギターの弦にお
もりをつるしてはり，弦をはじ
いた。図2は，そのときの音を
オシロスコープで観察して得
た波形である。次の問いに答え
なさい。

図1 弦

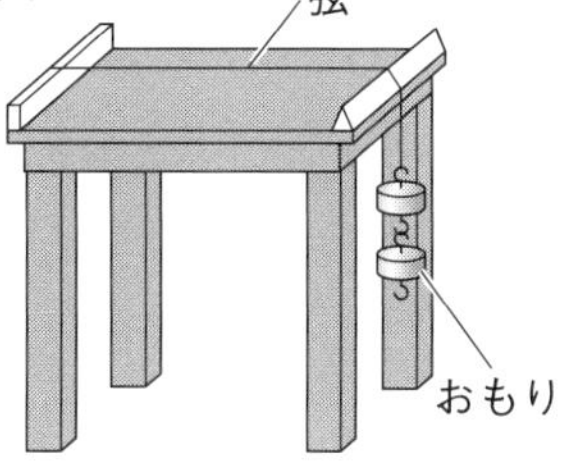

図2

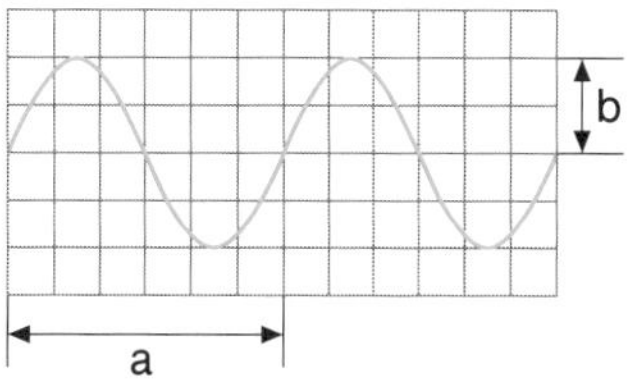

(1) 図2で，aは弦の振動1回を表している。
また，横軸の1目盛りは1000分の1秒であ
る。

① 弦が1回振動するのにかかった時間は
何秒か。 [   ]

② このときの弦の振動数は何Hzか。答え
は四捨五入して整数で求めよ。 [   ]

おもり

図3   図4

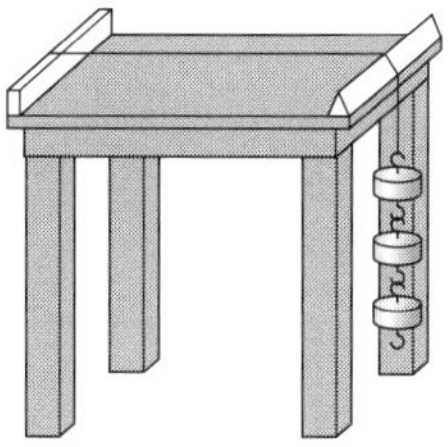

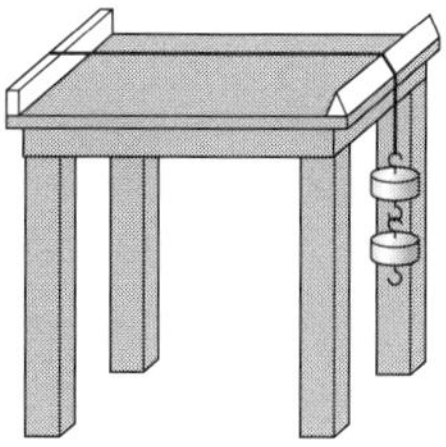

⚠ミス注意 (2) 図3のように，おもりの数をふやし，図1のときと同じ強さで弦をはじいた。

① 音の高さは，どうなるか。 [   ]

② 弦の振動数は，どうなるか。 [   ]

③ 図2のa，bの長さは，それぞれどうなるか。

a [   ] b [   ]

⚠ミス注意 (3) 図4のように，弦を太いものにとりかえ，図1のときと同じ強さで弦をはじいた。

① 音の大きさと高さは，それぞれどうなるか。

大きさ [   ] 高さ [   ]

② 弦の振幅と振動数は，それぞれどうなるか。

振幅 [   ] 振動数 [   ]

③ 図2のa，bの長さは，それぞれどうなるか。

a [   ] b [   ]

実力アップ問題

◎制限時間**40分**
◎合格点**80点**
▶答え　別冊p.14

点

1 図1は光が鏡で反射するようす，図2は光が水面で屈折するようすを示そうとしたものである。次の問いに答えなさい。

〈3点×5〉

(1)図1での光の進み方を，図中の**A**～**C**から選べ。

(2)図1での反射角は何度か。

(3)図2での光の進み方を，図中の**D**～**F**から選べ。

(4)光が水中から空気中に出ていくときの，入射角と屈折角の関係を次の**ア**～**ウ**から選び，記号で答えよ。

　ア　入射角＜屈折角

　イ　入射角＝屈折角

　ウ　入射角＞屈折角

(5)(4)で，入射光と水面との角度を小さくしていくと，屈折光がなくなり，全部の光が水中に反射するようになった。このような現象を何というか。

図1

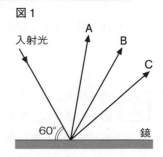

図2

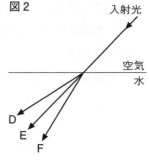

(1)		(2)		(3)		(4)		(5)	

2 右の図のように，方眼紙の上に置いた鏡の前に赤，青，黄，緑の鉛筆を立てて固定し，**O**の位置から片目で鏡を見て，どの鉛筆が見えるかを調べた。次の問いに答えなさい。

〈3点×4〉

(1)青の鉛筆の像の位置を，図中の**A**～**D**から選び，記号で答えよ。

(2)**O**の位置から見える鉛筆の色をすべて書け。

(3)鏡の左右の幅を自由に変えられるとすると，図中の4本の鉛筆がすべて見えるのは，鏡の横幅が何cm以上の場合か。ただし，図の方眼は1辺が5cmを示している。

(4)鏡にうつって見えるような像を何というか。

(1)		(2)		(3)		(4)	

3 次の実験について，あとの問いに答えなさい。 〈3点×6〉

〔実験〕右の図のように，凸レンズの前方40cmのところに火のついたろうそくを置くと，レンズの後方40cmのところのついたての上に像ができた。

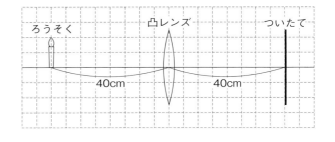

(1) ついたてにできた像を何というか。

(2) (1)の像にはどのような特徴があるか。次の**ア～エ**から選び，記号で答えよ。

　ア　もとの物体とは，上下だけが逆になっている。

　イ　もとの物体とは，左右だけが逆になっている。

　ウ　もとの物体とは，上下と左右が逆になっている。

　エ　もとの物体と同じ向きになっている。

(3) ついたてにできた像の大きさはどのようになっていたか。次の**ア～ウ**から選び，記号で答えよ。

　ア　もとのろうそくの大きさよりも大きかった。

　イ　もとのろうそくの大きさよりも小さかった。

　ウ　もとのろうそくの大きさと同じ大きさだった。

(4) この凸レンズの焦点距離は何cmか。

(5) 次の図のように，ろうそくの位置を凸レンズの前方60cmの位置に移動させると，ついたての上にできた像がぼやけた。再びはっきりした像をうつすためには，ついたてをどの位置にすればよいか。次の図中にかけ。ただし，作図に使った線は残しておくこと。

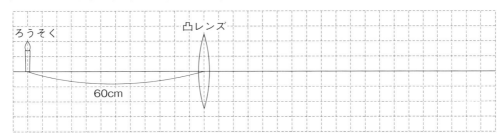

(6) ろうそくを，はじめの位置から凸レンズのほうに移動させると，ついたてを移動させても像はうつらなかった。しかし，ついたて側から凸レンズを通してろうそくを見ると，ろうそくが見えた。この像の大きさと向きを，簡単に説明せよ。

(1)		(2)		(3)		(4)		
(5)	図中にかき入れよ。		(6)					

4 Aさんは，右の図のようにして，上空で打ち上げ花火が開いた瞬間(しゅんかん)から，花火の開く音が聞こえるまでの時間をストップウォッチではかった。音が空気中を伝わる速さを340m/sとして，次の問いに答えなさい。 〈4点×2〉

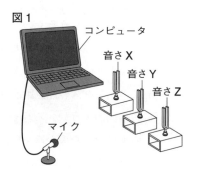

上空で花火が開いたところ

ストップウォッチ

(1)ストップウォッチではかった時間は1.4秒であった。上空で打ち上げ花火が開いたところからAさんまでの距離(きょり)は何mか。

(2)花火を打ち上げた場所からAさんまでの距離は300mであった。花火を打ち上げるときに出た音は，何秒後にAさんの耳にとどくか。小数第2位を四捨五入して答えよ。

(1)		(2)	

5 次の実験について，あとの問いに答えなさい。 〈3点×5〉

〔実験〕図1のように，コンピュータにつないだマイクからの距離が一定になるように，3台の音さX，Y，Zを置いた。それぞれの音さをたたいたとき，コンピュータの画面に示された音の振動(しんどう)は，音さXでは図2，音さYでは図3，音さZでは図4のようになった。図2〜図4の横方向の目盛りは時間，縦方向の目盛りは音の振動の幅を示しており，いずれも間隔は等しいものとする。

図1

コンピュータ

音さX

音さY

音さZ

マイク

図2
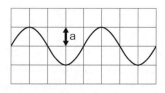

図3
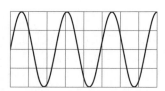

図4
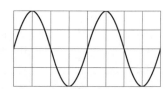

(1)図2のaを何というか。

(2)次の①，②にあてはまるものを，音さX，Y，Zからそれぞれ選び，記号で答えよ。
　　① 音の高さが同じ2つの音さ
　　② 音の大きさが同じ2つの音さ

(3)(2)の①で選んだものは，他の音さとくらべて音は高いか，低いか。

(4)音さZをたたいてからしばらくすると，別の1つの音さがひとりでに鳴りはじめた。このようになった音さはX，Yのどちらか。記号で答えよ。

(1)		(2)①		②		(3)		(4)	

6 右の図のようなモノコードの弦PQの中央部を指で
はじいたときに，ドからシのそれぞれの音さの音と
同じ高さの音が出るように木片の位置を動かした。
下の表は，それぞれの音が出るようにしたときの，

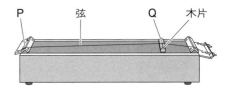

弦PQの長さをはかってまとめたものである。弦をはじく強さと弦のはり方は一定であるもの
として，あとの問いに答えなさい。　　　　　　　　　⟨(2)～(4)・(6) 2点×11，(1)・(5) 5点×2⟩

音の高さ	ド	レ	ミ	ファ	ソ	ラ	シ
弦PQの長さ〔cm〕	38.0	33.9	30.1	28.5	25.3	22.6	20.1

(1) 弦PQの長さと音の高さとの間には，どのような関係が見られるか。簡単に説明せよ。

(2) 弦PQが一定時間に振動する回数が最も多いのは，表中のド～シのどれか。

(3) 弦を太いものに変えたとき，次の①～④はどうなるか。

　　① 弦が振動する幅

　　② 弦が一定時間に振動する回数

　　③ 音の高さ

　　④ 音の大きさ

(4) 弦を強くはじいたとき，次の①～④はどうなるか。

　　① 弦が振動する幅

　　② 弦が一定時間に振動する回数

　　③ 音の高さ

　　④ 音の大きさ

(5) ドの音が出るようになっている弦のはり方だけを変えると，レの音が出るようになった。こ
　　のとき，弦のはり方はどのように変えたか。簡単に説明せよ。

(6) グランドピアノでは，鍵盤をおすと内部の弦が振動して対応する高さの音が出るようになっ
　　ていて，ラの音を約440Hzとして弦の状態を整えてある。440Hzの意味を説明した次の文の
　　①，②の[　]に適当な語を入れ，文を完成させよ。

　　　440Hzとは，1[　①　]の間に弦が440[　②　]振動することを示している。

(1)								
(2)		(3)	①		②		③	④
(4)	①		②		③		④	
(5)								
(6)	①		②					

3章 身のまわりの現象

❸力のはたらき

重要ポイント

① 力のはたらきと表し方

☐ **力のはたらき**…力には，次の①～③のはたらきがある。

　①物体の形を変える。　②物体をもち上げたり支えたりする。　③物体の動きを変える。

☐ **いろいろな力**
・**弾性力**（だんせいりょく）…変形した物体がもとにもどろうとするときに生じる力。
　　└→この性質を弾性という。
・**摩擦力**（まさつりょく）…ふれ合っている物体の間にはたらく，物体の動きをさまたげようとする力。
・**磁力**（じりょく）…磁石の力。磁石の異なる極どうしは引き合い，同じ極どうしはしりぞけ合う。
　└→離れていてもはたらく力で，鉄などの一部の金属とも引き合う。
・**電気の力**…電気を帯びた物体どうしにはたらく，引き合ったりしりぞけ合う力。
　└→離れていてもはたらく。　　　　　　異なる種類の電気は引き合い，同じ種類の電気はしりぞけ合う。┘
・**重力**…地球や月などが，その中心に向かって物体を引っぱる力。
　└→離れていてもはたらく力で，月では約6分の1になる。

☐ **力の大きさの単位**…力の大きさの単位には**ニュートン**（記号**N**）が使われる。1Nは，

　100gの物体にはたらく地球の重力の大きさとほぼ等しい。
　　　　　　　　　　　　　　　　└→正確には約0.98Nである。

☐ **フックの法則**（ほうそく）…ばねののびは，ばねを引く**力の大きさに比例**する。
　　　　└→ばねばかりは，フックの法則を利用して力の大きさをはかる装置である。

☐ **重さと質量**…**重さ**は物体にはたらく重力の大きさで，単位はNである。**質量**は場所
　　　　　└→無重力状態では0になり，月では約6分の1になる。
　が変わっても変化しない，物体そのものの量で，単位はkgやgである。

☐ **力の表し方**…力のはたらく
　点（作用点・さようてん），**力の向き**，**力**
　の大きさという，3つの要
　素を表す矢印で示す。

力の向き　作用点　力の大きさ

② 力のつり合い

☐ **力のつり合い**…**1つの物体に2つの力がはたらいていても**，その物体が動かないと
　　　　　　　　　　└→力のつり合いは，必ず1つの物体に着目して考える。
　き，これらの**2つの力はつり合っている**という。

☐ **力がつり合う条件**…2つの力が次の3つの条件をす
　べて満たしているとき，これらの2つの力がつり合
　っているといえる。

・2つの力の**大きさが等しい**。

・2つの力が**一直線上**にある。

・2つの力の**向きが反対**である。

☐ **垂直抗力**（すいちょくこうりょく）…面に接している物体が，面から垂直に受け
　　　　　　　　　└→垂直抗力は，弾性力の一種である。
　る力。

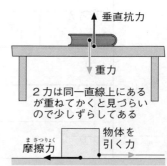

垂直抗力　重力
2力は同一直線上にある
が重ねてかくと見づらい
ので少しずらしてある

摩擦力（まさつりょく）　物体を引く力

ポイント 一問一答

①力のはたらきと表し方

☐ (1) 次の①〜③にあてはまる言葉は何か。

力には，物体の形を（　①　），物体をもち上げたり（　②　）たりする，物体の動きを（　③　）などのはたらきがある。

☐ (2) 変形した物体がもとにもどろうとするときに生じる力を，何というか。

☐ (3) ふれ合っている物体の間にはたらき，物体の動きをさまたげようとする力を何というか。

☐ (4) 磁石の異なる極どうしは引き合い，同じ極どうしはしりぞけ合う。この力を何というか。

☐ (5) 電気を帯びた物体どうしにはたらく，引き合ったりしりぞけ合ったりする力を何というか。

☐ (6) 地球や月などが，その中心に向かって物体を引っぱる力を何というか。

☐ (7) 力の大きさを表す単位を何というか。

☐ (8) 100gの物体にはたらく地球の重力の大きさは約何Nか。

☐ (9) ばねののびが，ばねを引く力の大きさに比例することを，何の法則というか。

☐ (10) 物体にはたらく重力の大きさを何というか。

☐ (11) 場所が変わっても変化しない，物体そのものの量を何というか。

☐ (12) 物体にはたらく力を矢印で表すとき，力がはたらく点を何というか。

②力のつり合い

☐ (1) 1つの物体に2つの力がはたらいても，その物体が動かないとき，これらの2つの力はどうなっているか。

☐ (2) つり合いの関係にある2つの力の大きさは，どうなっているか。

☐ (3) つり合いの関係にある2つの力は，どのような位置関係にあるか。

☐ (4) つり合いの関係にある2つの力の向きはどうなっているか。

☐ (5) 面に接する物体が，面から垂直に受ける力を，何というか。

- -

答 ① (1) ① 変える　② 支え　③ 変える　(2) 弾性力　(3) 摩擦力　(4) 磁力　(5) 電気の力　(6) 重力　(7) ニュートン(N)　(8) 1N　(9) フック（の法則）　(10) 重さ　(11) 質量　(12) 作用点
② (1) つり合っている。　(2) 等しい。　(3) 一直線上にある。　(4) 反対である。　(5) 垂直抗力

1 〈力のはたらき〉

次のA〜Dの力のはたらきを下のア〜ウからそれぞれ選び，記号で答えなさい。

A [　　　] B [　　　] C [　　　] D [　　　]

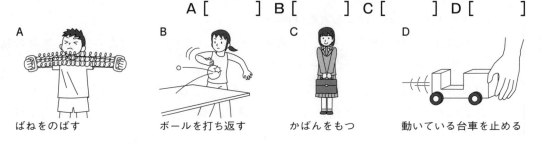

A ばねをのばす　　B ボールを打ち返す　　C かばんをもつ　　D 動いている台車を止める

ア　物体の動きを変える。

イ　物体の形を変える。

ウ　物体をもち上げたり支えたりする。

2 〈力とばねののび〉

右の図のような装置で200gのおもりを長さ10cmのばねに
つるすと，ばねがのびて14cmになった。次の問いに答え
なさい。ただし，100gの物体にはたらく重力の大きさを
1Nとし，ばねの質量(しつりょう)は考えないものとする。

(1) このおもりにはたらく重力の大きさは何Nか。

[　　　　　]

(2) このばねを4Nの力で引いたとき，ばねののびは何cmに
なるか。　　　　　　　　　　　　　　　　　　　　　　[　　　　　]

(3) このばねののびが6cmになるのは，何Nの力で引いたときか。　　[　　　　　]

(4) ばねを引く力とばねののびは比例する。この法則を何というか。[　　　　　]

3 〈力の表し方〉 🔑重要

2Nの力を1cmの長さで表すものとして，次の力を力の矢印で表しなさい。

① 車を6Nの力で水平におす。　　　　② ばねを1Nの力で水平に引く。

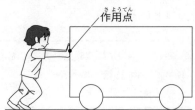

作用点(さようてん)

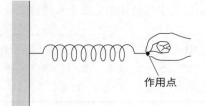

作用点

4 〈力のつり合い①〉

右の図のA，Bのように，ばねばかり
の目盛りがそれぞれ1Nになるように
して，厚紙を2方向から引いた。次の
問いに答えなさい。

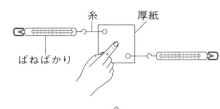
A
糸　厚紙
ばねばかり

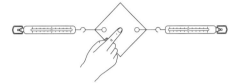
B

(1) 厚紙に加えている2つの力がつり合
っているのは，A，Bのどちらか。
[　　　　]

(2) 指を離すと厚紙が動くのは，A，B
のどちらか。　　　　[　　　　]

(3) 次のア～ウのうち，2つの力がつり合っているものを選べ。　　　　[　　　　]

ア

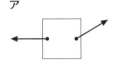

イ

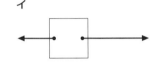

ウ

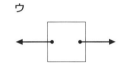

5 〈力のつり合い②〉 🔑重要

図1は，200gの本を机の上に置いたときに，本にはた
らく2つの力を，図2は200gの本を机の上に置いて，
その本を指で左向きに押したときにはたらく2つの力
を示している。100gの物体にはたらく重力を1Nとし
て，次の問いに答えなさい。

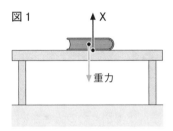
図1
X
重力

(1) この本にはたらく重力は何Nか。　　[　　　　]

(2) 図1中のXの力の名称と大きさをそれぞれ答えよ。
名称 [　　　　　　] 大きさ [　　　　]

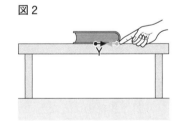
図2
Y

(3) 本を指で押しても動かなかった。その理由は，指で押
す力とYの力がつり合っているからである。図2中の
Yの力の名称を答えよ。　　　　[　　　　]

ヒント

③ 力の矢印は，力のはたらく点，力の向き，力の大きさという，3つの要素を示す。

④ 同じ物体にはたらく2つの力の大きさが等しく，2つの力が一直線上にあり，2つの力の向きが反対
であれば，つり合っているといえる。

1 〈力のはたらき〉

次のA～Cでは，下線部の物体に力がはたらいている。あとの問いに答えなさい。

A 手で輪ゴムを引っぱるとのびた。

B 鉄のくぎが磁石にくっついて，下に落ちなかった。

C 雪の上をすべっていたそりがだんだん遅くなって止まった。

(1)A～Cでは，力は下線部の物体に対してどのようにはたらいているか。次のア～ウからそれぞれ選び，記号で答えよ。　　　　　　　　　A [　　　　] B [　　　　] C [　　　　]

　ア 物体をもち上げたり支えたりする。　　**イ** 物体の運動のようすを変える。

　ウ 物体を変形させる。

(2)Aでは，輪ゴムがもとにもどろうとして手を引く力もはたらいている。この力を何というか。

[　　　　　　　　]

(3)Bで鉄のくぎが落ちなかったのは，くぎに何という力がはたらいていたからか。[　　　　　　　]

(4)Cでそりが遅くなって止まったのは，そりに何という力がはたらいたからか。[　　　　　　　]

2 〈力とばねののび〉

次の実験について，あとの問いに答えなさい。ただし，100gの物体にはたらく地球がその中心に向かって物体を引く力の大きさを，1Nとする。

〔実験〕上端を固定したばねに，いろいろな質量のおもりをつり下げ，おもりが静止したときのばねの長さを測定した。右の図は，その結果をグラフに表したものである。

(1)下線部のような力を何というか。　　[　　　　　　]

(2)下線部のような力の大きさをNという記号で表す単位を何というか。　　　　　　　[　　　　　　]

(3)ばねを1cmのばすのに必要な力の大きさは，何Nか，求めなさい。　　　　　[　　　　　　]

(4)ばねを0.46Nの力で引くと，ばねの長さは何cmになるか，求めなさい。　　[　　　　　　]

(5)ばねに月面上で物体**X**をつり下げると，ばねののびはどうなると考えられるか。次から選びなさい。　　　　　　　　　　　　　　　　　　　　　　　　　[　　　　　　]

　ア 地球上でばねに物体**X**をつり下げたときよりも大きくなる。

　イ 地球上でばねに物体**X**をつり下げたときよりも小さくなる。

　ウ 地球上でばねに物体**X**をつり下げたときと同じになる。

　エ ばねはのびない。

3 〈フックの法則〉 **重要**

次の実験について，あとの問いに答えなさい。ただし，100gの物体にはたらく重力の大きさを1Nとする。

〔実験〕① 図1のような装置を組み立て，長さ12cmのばねAをつるした。

図1

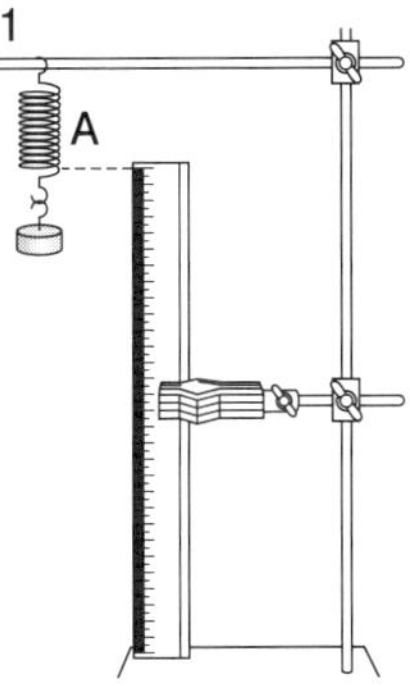

おもりの数〔個〕	ばねAののび〔cm〕	ばねBののび〔cm〕
0	0	0
1	1.2	0.6
2	2.3	1.1
3	3.7	1.7
4	4.7	2.5
5	6.0	3.0

② ばねAに1個20gのおもりをつるし，その数を1個ずつふやしながら，ばねののびをはかり，右の表に結果をまとめた。

③ ばねAを別のばねBに変えて，同じように調べた。

(1) おもり1個にはたらく重力は何Nか。　　　　　　　　　　[　　　　　　　]

(2) 図2に，ばねAにはたらく力の大きさとばねののびとの関係を示すグラフをかけ。

(3) 図2に，ばねBにはたらく力の大きさとばねののびとの関係を示すグラフをかけ。

図2

(4) 力の大きさとばねののびとの間にはどのような関係があるか。簡単に書け。

[　　　　　　　　　　]

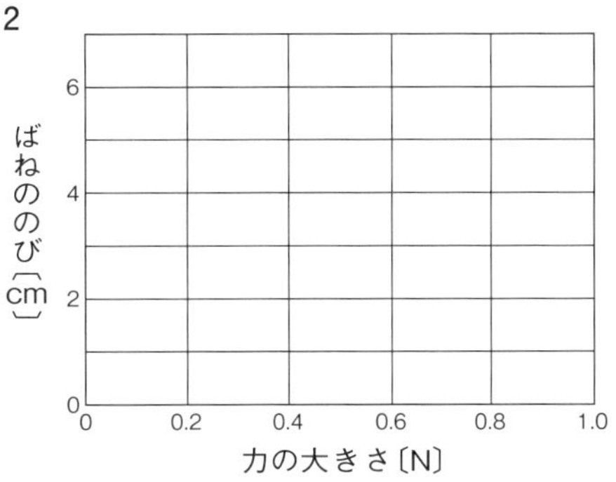

(5) ばねA，Bに200gのおもりをつるすと，それぞれののびは何cmになるか。整数で答えよ。　　A [　　　　　] B [　　　　　]

(6) ばねAとBでは，どちらのほうが変形しやすいか。記号で答えよ。　　[　　　　　]

ミス注意 (7) ばねAにある物体をつるすと長さが15cmになった。この物体の質量は何gか。

[　　　　　]

ミス注意 (8) ばねAを机の上にある箱につけて，机の面に平行にゆっくり引くと，箱は静止したままで，ばねののびは9cmであった。このとき，箱にはたらいている摩擦力の大きさは何Nか。

[　　　　　]

1 〈質量と重力〉

右の図のように，Aさんが宇宙
服を着て体重計にのったとき，
体重計が示した値は，地球上で
は1800N，月面上では300Nであ
った。次の問いに答えなさい。

地球上　　1800N

月面上　　300N

(1) 体重計ではかることができるの
は，質量か，重さか。　　　　　　　　　　　　　　　　　[　　　　　　　]

(2) 月面上の重力は，地球上の重力の何分の1か。　　　　　[　　　　　　　]

⚠ミス注意 (3) Aさんが，月面上である荷物をばねばかりにつるすと1.2Nを示した。この荷物を，地球上で
ばねばかりにつるすと何Nを示すか。　　　　　　　　　　[　　　　　　　]

⚠ミス注意 (4) 月面上にいるAさんが，上皿てんびんの一方の皿に60gの分銅をのせたとき，もう一方の皿
に何gの物体をのせるとつり合うか。　　　　　　　　　　[　　　　　　　]

(5) 月面上で，上皿てんびんと分銅を使ってはかることができるのは，物体の質量か，重さか。

[　　　　　　　]

2 〈重さとばねののび〉 🔑重要

おもりの重さとばねののびとの関係が，右の図で表され
る3種類のばねA，B，Cがある。あとの問いに答えな
さい。ただし，ばねの重さは考えないものとする。

(1) 同じ重さのおもりをつるしたとき，ばねののびが最も小
さいばねはA，B，Cのうちどれか。

[　　　　　]

差がつく (2) ばねを引いたときののびが同じ長さのとき，加えた力の
大きさが最も大きいばねはA，B，Cのうちどれか。

[　　　　　]

(3) 同じ力を加えたとき，Bのばねがのびる長さは，Cのばねがのびる長さの何倍か。

[　　　　　　　]

3 〈力の表し方〉 ●重要

右の図のように，天井にばねをつるし，ばねに240gのおもりをつるした。100gの物体にはたらく重力の大きさを1Nとして，次の問いに答えなさい。

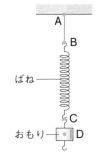

(1) おもりにはたらく重力の大きさは何Nか。　　　[　　　　　]

(2) おもりにはたらく重力を，右の図に矢印で表せ。ただし，2Nの力を1cmの長さで表すものとする。

(3) おもりには，ばねがおもりを引く力もはたらいている。この力の作用点を図のA～Dから選び，記号で答えよ。　　　[　　　　　]

4 〈物体にはたらく力〉

図は，質量が150gの直方体のおもりが机の上で静止しているときのようすを，模式的に表したものである。質量100gの物体にはたらく重力の大きさを1Nとして，次の問いに答えなさい。また，図の方眼の1目盛りは0.5Nの力を表すものとする。

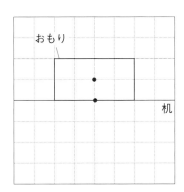

(1) 質量150gのおもりにはたらく重力の大きさは，何Nか。
　　　　　　　　　　　　　　　[　　　　　]

(2) おもりが静止しているとき，図中の机の上に置いたおもりにはたらく力を，右の図に矢印で表せ。ただし，・を作用点とする。

5 〈2つの力のつり合い〉

右の図のように，物体にロープをつけて左向きに20Nの力で引っぱったが，物体は動かなかった。次の問いに答えなさい。

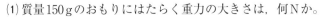

(1) 物体が動かなかったのは，物体に何という力がはたらいたからか。　　　[　　　　　]

(2) (1)の力の向きは，右向きか，左向きか。　　　[　　　　　]

(3) (1)の力の大きさは何Nか。　　　[　　　　　]

(4) (1)の力を図中に作図せよ。ただし，A点を作用点として，10Nの力を1cmの矢印で表すものとする。

1 次のA～Cの図は，それぞれボール，弓のつる，磁石に力がはたらいている例を示したものである。あとの問いに答えなさい。

〈2点×6〉

A
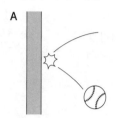

B

C
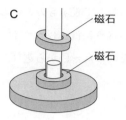
磁石
磁石

(1) A～Cで力がはたらいているといえる理由を，次のア～ウからそれぞれ選び，記号で答えよ。

　ア　物体の形が変わっている。

　イ　物体が支えられている。

　ウ　物体の運動のようすが変わっている。

(2) 次の文は，Cではたらいている力について説明したものである。①～③の[　]に適当な語を入れ，文を完成させよ。

　　Cでは，磁石の同じ極どうしが[　①　]力がはたらいている。また，磁石の異なる極どうしには[　②　]力がはたらく。このように，磁石と磁石の間で，離れていてもはたらく力を[　③　]という。

(1)	A		B		C	(2)	①		②		③	

2 右の図は，ゴムに150gの物体をつり下げたところを示している。100gの物体にはたらく重力の大きさを1Nとして，次の問いに答えなさい。

〈(1)・(2)2点×2，(3)3点〉

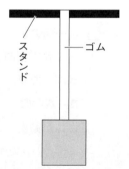
スタンド
ゴム

(1) この物体には，引きのばされたゴムがもとにもどろうとして引く力がはたらいている。この力を何というか。

(2) この物体には，地球がおもりを引く力がはたらいている。この力を何というか。

(3) (2)の力を表す矢印を右の図にかけ。ただし，1Nの力を1cmの長さで表すものとする。

(1)		(2)		(3)	図中にかき入れよ。

3 図1は，もとの長さが10cmのばねAを引く力の大きさとばねののびの関係を示したものである。100gの物体にはたらく重力を1Nとして，次の問いに答えなさい。　〈3点×10〉

図1

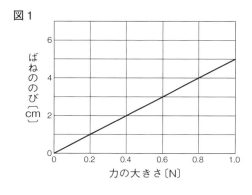

(1) ばねAを引く力の大きさとばねののびの関係が，図1のようになることを何の法則というか。

(2) ばねAを0.3Nの力で引くと，ばねののびは何cmになるか。

(3) ばねAののびが7.5cmになるのは，何Nの力で引いたときか。

(4) 別のばねBに70gのおもりをつるすと，ばねののびが3.9cmになった。ばねAとばねBでは，どちらのほうが変形しやすいといえるか。記号で答えよ。

(5) 図2のように，ばねAにある物体Xをつるすと，ばね全体の長さが12cmになった。次の①～③の問いに答えよ。

　① 物体XがばねAを引く力は何Nか。

　② 物体Xの質量は何gか。

　③ 物体XがばねAを引く力を表す矢印を，次のア～エから選び，記号で答えよ。

図2

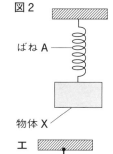

ばね A

物体 X

ア 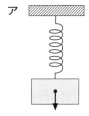　イ 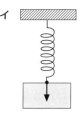　ウ 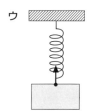　エ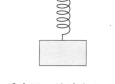

(6) ばねAを月面上にもっていき，300gの物体Yをつるした。月面上での重力は，地球上の6分の1であるとして，次の①～③の問いに答えよ。

　① 月面上では，物体Yの質量は何gか。

　② 月面上では，物体Yの重さは何Nか。

　③ 物体YをつるしたばねAののびは何cmか。

(1)		の法則	(2)		(3)	
(4)		(5) ①		②		③	
(6) ①		②		③		

4 重さと質量について，あとの問いに答えなさい。ただし，100gの物体にはたらく重力を1Nとする。　〈3点×5〉

(1) 300gの物体にはたらく地球の重力の大きさは何Nか。

(2) (1)の物体を地球上で，上皿てんびんではかったときつり合うためにのせる分銅は何gか。

(3) (1)の物体を月面上で，ばねばかりではかると，重さは地球上のときの約何倍になるか。

(4) (1)の物体を月面上で，上皿てんびんではかると，何gの分銅とつり合うか。

(5) この物体を金星の表面に持って行ったとき，(4)の値はどうなるか。簡単に説明せよ。

(1)		(2)		(3)	
(4)		(5)			

5 次の実験について，あとの問いに答えなさい。　〈3点×5〉

〔実験〕① ものさしとばねAをスタンドに固定した。ばねAの下端に1個の質量が10gのおもりをつるしていき，それぞれ静止したときのばねAののびを測定した。また，ばねAをばねBに変えて同様の操作を行った。図1は，その結果をグラフで表したものである。

図1

[グラフ：縦軸 ばねののび〔cm〕 0〜6.0，横軸 おもりの個数〔個〕 0〜5。ばねAとばねBの直線]

② ①で用いたばねAを2つ用意し，図2のように2本のばねAに質量のわからないおもりがついた棒をつるした。このとき，2本のばねAは全体の長さが等しくなり，それぞれ5.0cmのびた。

③ ①で用いたばねAとばねBを用意し，図3のようにばねAとばねBをつなぎ，質量60gのおもりをつるした。

図2

[図：ばねA 2本，棒，おもり]

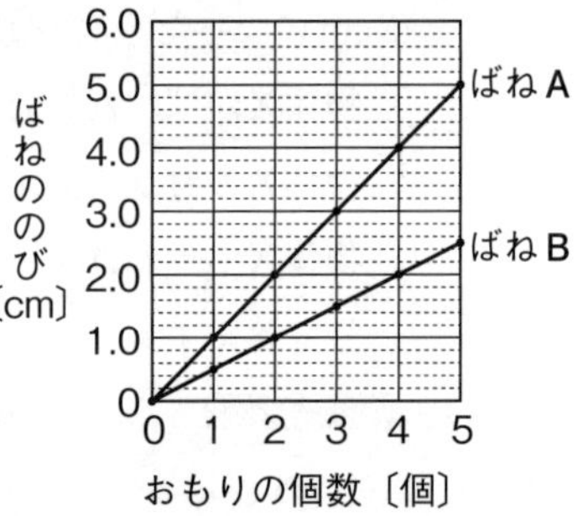

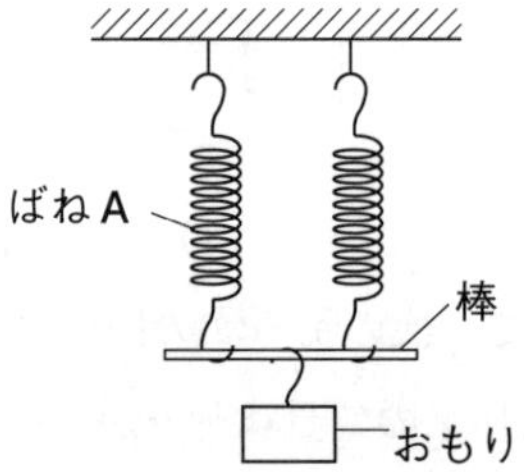

図3

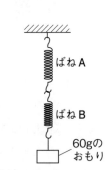

ばねA
ばねB
60gの
おもり

(1) 実験①において，ばねに加わる力の大きさとばねののびには，どのような関係が見られるか。簡単に答えなさい。

(2) (1)の関係を表す法則を何というか。最も適切なことばで答えなさい。

(3) ばねBののびを6.5cmにするためには，ばねBに何Nの力を加えればよいか。

(4) ②で用いたおもりの質量は，何gか。ただし，棒の重さは考えないものとする。

(5) ③において，ばねAとばねBののびの合計は，何cmか。

(1)		(2)	
(3)		(4)		(5)	

6 次のA～Dの図の矢印は，物体にはたらく力を示したものである。あとの問いに答えなさい。

〈3点×3〉

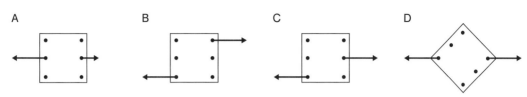

A　　　　　　B　　　　　　C　　　　　　D

(1) 2つの力がつり合っているものを，次のA～Dから選び，記号で答えよ。

(2) (1)のとき，2つの力の大きさはどうなっているか。簡単に説明せよ。

(3) (1)のとき，2つの力の向きはどうなっているか。簡単に説明せよ。

(1)		(2)		(3)	

7 次の実験について，あとの問いに答えなさい。ただし，100gの物体にはたらく重力の大きさを1Nとする。　〈3点×4〉

〔実験〕①　図1のように，ばねを天井に固定して，おもりにかかる力の大きさとばねののびとの関係を調べグラフにしたところ，図2のようになった。

図1

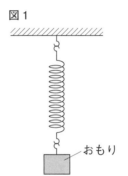

おもり

図2

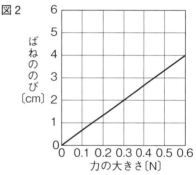

ばねののび〔cm〕

力の大きさ〔N〕

②　150gの物体を台はかりの上におき，図3のように①で用いたばねをつないだ。このばねを上に引くと，ばねを引くにつれて，ばねののびと台はかりが示す値が変化した。

図3

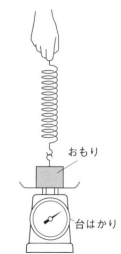

おもり

台はかり

(1) 図1において，ばねがおもりを引く力とつり合う力を，次のア～エから選び，記号で答えよ。

　ア　地球がおもりを引く力

　イ　物体がばねを引く力

　ウ　ばねが天井を引く力

　エ　天井がばねを引く力

(2) ②において，ばねののびが2cmになったとき，台はかりの示す値は何gか。

(3) ②において，ばねを上に引いて台はかりの示す値が0gになったとき，ばねののびは何cmか。

(4) (3)よりさらにばねをゆっくり上に引いたとき，ばねののびはどうなるか。簡単に説明せよ。

(1)		(2)		(3)		(4)	

4章 大地の変化

①火山

重要ポイント

① 火山噴出物と火山の形

- **マグマ**…地下にある岩石が，地球内部の熱によってどろどろにとけたもの。
  └→地下数kmのところには，マグマがたまったマグマだまりがある。
- **噴火**…マグマが上昇して地表にふき出すこと。
- **噴火のしくみ**…地下のマグマが上昇してくると，マグマにふくまれている**水や二酸化炭素**が**気体**になって出てきて，**爆発的に体積がふえた**結果，噴火が起こる。
- **火山噴出物**…噴火のときにふき出された，マグマがもとになってできたもの。**溶岩**や**火山灰**，**火山れき**，**火山弾**，**軽石**，**火山ガス**などがある。
  └→大部分は水蒸気で，二酸化炭素や二酸化硫黄，硫化水素などもふくむ。
- ・**溶岩**…マグマが地表に流れ出したもの。液体状のものも固まったものも指す。
- ・**火山灰・火山れき**…直径2mm以下のものが火山灰。それ以上の小石が火山れき。
- ・**火山弾**…マグマがふき飛ばされて，空中で冷え固まったもの。
- ・**軽石**…マグマから気体成分がぬけ出したあとが穴になっている。

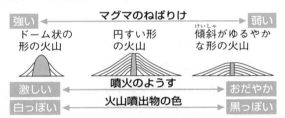

- **火山**…噴火したマグマが周辺に積み重なってできた山。マグマのねばりけによって形が異なる。

② 鉱物と火成岩

- **鉱物**…岩石にふくまれる**結晶**。
- **火成岩**…マグマが冷え固まってできた岩石。
  - ・**火山岩**…マグマが，**地表や地表近く**で急速に冷え固まってできた火成岩。**石基**の間に**斑晶**が散らばった**斑状組織**をもつ。
    └→大きな鉱物の結晶

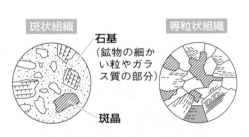

斑状組織　等粒状組織

石基（鉱物の細かい粒やガラス質の部分）

斑晶

  - ・**深成岩**…マグマが**地下深く**で**ゆっくり**冷え固まってできた火成岩。それぞれの鉱物の結晶が同じくらい成長した**等粒状組織**をもつ。

- **鉱物の割合と火成岩の色**…**無色鉱**物を多くふくむほど白っぽく，**有色鉱物**を多くふくむほど黒っぽくなる。
  └→石英，長石など
  └→黒雲母，角閃石，輝石，カンラン石など

火山岩	流紋岩	安山岩	玄武岩
深成岩	花こう岩	閃緑岩	斑れい岩
火成岩の色	白っぽい ←	灰色	黒っぽい →
鉱物の割合	無色鉱物	多い ←		少ない
	有色鉱物	少ない		多い →

● マグマのねばりけは，火山の形や噴火のようす，火山噴出物の色と関係する。
● 火山岩は，地表や地表近くで急速に冷え固まってできた火成岩で，斑状組織をもつ。深成岩は，地下深くでゆっくり冷え固まってできた火成岩で，等粒状組織をもつ。

ポイント 一問一答

① 火山噴出物と火山の形

- ☐ (1) 地下にある岩石が，地球内部の熱によりどろどろにとけたものを何というか。
- ☐ (2) マグマが上昇して地表にふき出すことを何というか。
- ☐ (3) マグマが地表に流れ出したものを何というか。
- ☐ (4) 噴火したマグマが，周辺に積み重なってできた山を何というか。
- ☐ (5) ドーム状の形の火山をつくるマグマのねばりけは，強いか，弱いか。
- ☐ (6) マグマのねばりけが弱いほど，噴火のようすは激しくなるか，おだやかになるか。
- ☐ (7) マグマのねばりけが弱いほど，火山噴出物の色は白っぽくなるか，黒っぽくなるか。

② 鉱物と火成岩

- ☐ (1) 岩石にふくまれる結晶を何というか。
- ☐ (2) マグマが冷え固まってできた岩石を何というか。
- ☐ (3) マグマが地表や地表近くで急速に冷え固まってできた火成岩を何というか。
- ☐ (4) (3)の岩石を拡大して観察したときに見られるつくりを何というか。
- ☐ (5) (4)のつくりの中で，比較的大きな結晶を何というか。
- ☐ (6) (4)のつくりの中で，小さな鉱物の集まりやガラス質の部分を何というか。
- ☐ (7) マグマが地下深くでゆっくり冷え固まってできた火成岩を何というか。
- ☐ (8) (7)の岩石がもつ，それぞれの鉱物の結晶が同じくらい成長したつくりを何というか。
- ☐ (9) 無色鉱物を多くふくむ火成岩は，どのような色になるか。
- ☐ (10) 有色鉱物を多くふくむ火成岩は，どのような色になるか。
- ☐ (11) 次の①〜④の特徴をもつ鉱物を下のア〜エからそれぞれ選び，記号で答えなさい。

  ① 無色鉱物で，短冊状の鉱物

  ② 無色鉱物で，不規則な形をしている鉱物

  ③ 有色鉱物で，短い柱状の鉱物

  ④ 有色鉱物で，六角形でうすくはがれる特徴がある鉱物

  ア 石英　　　イ 長石　　　ウ 黒雲母　　　エ 輝石

答
① (1) マグマ (2) 噴火 (3) 溶岩 (4) 火山 (5) 強い。 (6) おだやかになる。 (7) 黒っぽくなる。
② (1) 鉱物 (2) 火成岩 (3) 火山岩 (4) 斑状組織 (5) 斑晶 (6) 石基 (7) 深成岩 (8) 等粒状組織
(9) 白っぽい色 (10) 黒っぽい色 (11) ① イ ② ア ③ エ ④ ウ

基礎問題

▶答え　別冊p.19

1 〈火山〉

右の図は，火山が噴火しているようすを模式的に示したものである。次の問いに答えなさい。

(1) 火山の噴火は，図中の**A**が地表にふき出すことである。**A**を何というか。　　　　　　　　　　　　　[　　　　　]

(2) 次の文章は，火山が噴火するしくみを説明したものである。①～③の[　]に適当な語を入れ，文章を完成させよ。

　①[　　　　　]
　②[　　　　　]
　③[　　　　　]

　地下深くにある**A**が上昇してくると，**A**にふくまれている[　①　]や二酸化炭素が[　②　]になって出てきて，爆発的に体積が[　③　]た結果，噴火が起こる。

(3) 図中の**B**は，**A**が地表に流れ出したものである。**B**を何というか。次の**ア**～**エ**から選び，記号で答えよ。　　　[　　　　　]

ア 火山灰　　　**イ** 火山ガス　　　**ウ** 火山弾　　　**エ** 溶岩

(4) 図中の**C**は，**A**が噴火のときにふき飛ばされて，空中で冷え固まったものである。**C**を何というか。(3)の**ア**～**エ**から選び，記号で答えよ。　　　[　　　　　]

(5) (3)の**ア**～**エ**のように，噴火のときにふき出される，**A**がもとになってできたものを何というか。　　　　　　　　　　[　　　　　]

2 〈火山の形と噴火のようす〉 🔑**重要**

火山はその形によって，次の**A**～**C**の3つに分類することができる。あとの問いに答えなさい。

A　　　　　　　　　　　　B　　　　　　　　　　　　C

(1) 噴火のしかたが最もおだやかな火山を，**A**～**C**から選び，記号で答えよ。　　[　　　　　]

(2) マグマのねばりけが強い順に，**A**～**C**を並べよ。　　[　　　　　]

⚠ミス注意 (3) 火山灰や岩石が黒っぽい色になることが多い火山を，**A**～**C**から選び，記号で答えよ。
　　　　　　　　　　　　　　　　　　　　　　　　　[　　　　　]

82

3 〈火山岩と深成岩のつくり〉 **⚷ 重要**

右の図は，火山岩と深成岩のつくりを示したものである。次の問いに答えなさい。

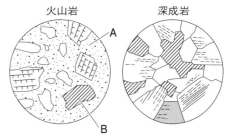

火山岩　　　　　深成岩

(1) 火山岩と深成岩のように，マグマが冷え固まってできた岩石を何というか。[　　　　　]

(2) 図中のA，Bの部分を何というか。

A [　　　　　]　　B [　　　　　]

(3) A，Bのような部分をもつ，火山岩のつくりを何というか。　　[　　　　　]

(4) 深成岩にはAのような部分はなく，肉眼でも見わけられるぐらいの大きさの鉱物のみが組み合わさっている。このようなつくりを何というか。　　[　　　　　]

(5) 火山岩と深成岩は，どのようにしてできるか。次のア～エからそれぞれ選び，記号で答えよ。　　火山岩 [　　　]　　深成岩 [　　　]

　ア　マグマが地下の深いところで，急速に冷え固まってできた。

　イ　マグマが地下の深いところで，ゆっくり冷え固まってできた。

　ウ　マグマが地表または地表付近で，急速に冷え固まってできた。

　エ　マグマが地表または地表付近で，ゆっくり冷え固まってできた。

4 〈火成岩の色と鉱物の割合の関係〉

右の表は，火成岩にふくまれる鉱物の割合をまとめたものである。次の問いに答えなさい。

火山岩	A	B	C
深成岩	D	E	F
無色鉱物の割合	多い ◄━━━━━━ 少ない		
有色鉱物の割合	少ない ━━━━━━► 多い		

(1) 表中のA～Fにあてはまる岩石の名前を，次のア～カからそれぞれ選び，記号で答えよ。

A [　　　]　　B [　　　]
C [　　　]　　D [　　　]
E [　　　]　　F [　　　]

　ア　安山岩　　　　イ　花こう岩　　　ウ　流紋岩
　エ　閃緑岩　　　　オ　斑れい岩　　　カ　玄武岩

(2) A，B，Cをくらべると，最も白っぽいのはどれか。記号で答えよ。　　[　　　　　]

(3) D，E，Fをくらべると，最も黒っぽいのはどれか。記号で答えよ。　　[　　　　　]

💡 ヒント

2 (3) ねばりけが弱いマグマからできた火山灰や岩石は，成分の関係で黒っぽい色になることが多い。

3 マグマがゆっくり冷えて固まると，マグマにふくまれる鉱物はすべて大きな結晶に成長する。マグマが急速に冷やされると，結晶はあまり成長できず，肉眼ではわからないような細かい粒やガラス質の部分ができる。

標準問題

▶答え　別冊p.19

1 〈マグマの性質と火山の形との関係を調べるモデル実験〉
次の実験について，あとの問いに答えなさい。

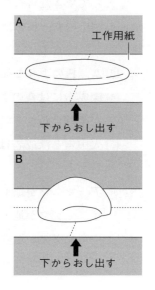

〔実験〕①　水を多めに加えたホットケーキミックス**A**と，水を少なめに加えたホットケーキミックス**B**を用意した。

②　それぞれのホットケーキミックスを入れたポリエチレンの袋に生クリーム用のしぼり口をつけ，工作用紙の中心に開けた穴に下からさしこんだ。ホットケーキミックスをおし出すと，それぞれ右の図のような状態になった。

(1) ねばりけが強いマグマによってできた火山のようすを示しているのは，**A**と**B**のどちらか。　　　　　　　[　　　　　]

(2) マグマのねばりけが弱い場合には，噴火のようすは激しくなるか，おだやかになるか。　　　　[　　　　　]

(3) 有色鉱物の割合が多いマグマのねばりけは，弱いか，強いか。
　　　　　　　　　　　　　　　　　　　　　　[　　　　　]

2 〈火山噴出物〉
火山噴出物について，次の問いに答えなさい。

(1) ある火山灰を，見やすくなるように処理してから双眼実体顕微鏡で観察すると，右の図のように見えた。次の①，②の問いに答えよ。

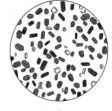

①　下線部の処理として正しいものを，次の**ア**～**エ**から選び，記号で答えよ。　　　　　　　　[　　　　　]

ア　蒸発皿に火山灰と水を入れて指の腹でもみ，にごった水を捨てて，残った粒を集める。

イ　蒸発皿に火山灰と水を入れてかき混ぜ，加熱して水を蒸発させてから，残った粒を集める。

ウ　蒸発皿に火山灰と水を入れてかき混ぜ，ろ過したろ液の水を蒸発させ，残った粒を集める。

エ　火山灰を鉄製の乳鉢にとり，鉄製の乳棒でたたく。

②　この火山灰は有色鉱物と無色鉱物のどちらの割合が多いと考えられるか。[　　　　　]

(2) ある火山れきに磁石を近づけると，磁石に引きつけられた。この火山れきにふくまれる鉱物を，次の**ア**～**エ**から選び，記号で答えよ。　　　　　　　　　　　　[　　　　　]

ア　石英　　　　　**イ**　黒雲母　　　　**ウ**　磁鉄鉱　　　　**エ**　長石

(3) 軽石や溶岩の表面にはたくさんの穴があいている。これは何のあとか。次の**ア**～**エ**から選び，記号で答えよ。　　　　　　　　　　　　[　　　　　]

ア　マグマに生物が入りこんだあと　　　　**イ**　マグマから無色鉱物が抜け出したあと
ウ　マグマから気体成分が抜け出したあと　　**エ**　マグマが冷えて体積が小さくなったあと

3 〈火成岩の特徴〉 →重要

右の図は、ある火成岩をみがき、その面をルーペで観察したときのスケッチである。次の問いに答えなさい。

(1) 図中のAのような、マグマが冷えて結晶になったものを、何というか。　　　　　　　　[　　　　　　　]

(2) マグマがゆっくり冷え固まった場合、図中のAのような部分は多くなるか、少なくなるか。　　　　[　　　　　　　]

(3) この火成岩は、どのような場所でできたと考えられるか。簡単に書け。
[　　　　　　　　　　　　　　　　　　　　　　　　　　　　]

(4) この火成岩は、火山岩と深成岩のどちらだといえるか。　　　　[　　　　　　]

(5) (4)に分類されるものを、次のア～カからすべて選び、記号で答えよ。　[　　　　]
ア　斑れい岩　　イ　玄武岩　　ウ　安山岩　　エ　花こう岩　　オ　流紋岩　　カ　閃緑岩

4 〈火成岩にふくまれる鉱物〉

右の表は、火成岩にふくまれる鉱物をまとめたものである。次の問いに答えなさい。

火山岩	流紋岩	A	B
深成岩	C	閃緑岩	D
おもな鉱物の割合	有色鉱物　その他 無色鉱物		

(1) 表中のA～Dの岩石の名前を、それぞれ書け。
A [　　　　　]
B [　　　　　]
C [　　　　　]
D [　　　　　]

(2) 表中のBとDの岩石のつくりについての正しい説明を、次のア～エから選べ。　[　　　]
ア　BもDも等粒状組織をもつ。
イ　Bは等粒状組織をもち、Dは斑状組織をもつ。
ウ　BもDも斑状組織をもつ。
エ　Bは斑状組織をもち、Dは等粒状組織をもつ。

(3) 流紋岩に多くふくまれる鉱物を、次のア～カからすべて選べ。　　[　　　]
ア　長石　　イ　黒雲母　　ウ　カンラン石　　エ　輝石　　オ　角閃石　　カ　石英

(4) 表中のCとDの岩石の色はどのようになっているか。次のア～エから選べ。　[　　　]
ア　CもDも白っぽい。
イ　Cは白っぽく、Dは黒っぽい。
ウ　Cは黒っぽく、Dは白っぽい。
エ　CもDも黒っぽい。

(5) 表中のA、Bの岩石のもとになったマグマをくらべると、どちらのほうがねばりけが強いと考えられるか。記号で答えよ。　　　　　　　[　　　]

②地震

重要ポイント

① 地震と地震のゆれの伝わり方

□ **地震**…地下の岩石に力が加わり，**岩石が破壊されて 岩盤がずれる**現象。

□ **震源**…地震が**最初に発生した地下**の場所。

□ **震央**…**震源の真上の地表**の点。

□ **隆起**…地震などによって，大地が**上昇**すること。

□ **沈降**…地震などによって，大地が**下降**すること。

□ **初期微動**…地震の最初にくる**小さなゆれ**。初期微動を伝える波を**P波**という。
　└→P波は，Primary wave（最初の波）という意味。

□ **主要動**…初期微動の後にくる**大きなゆれ**。主要動を伝える波を**S波**という。
　└→S波は，Secondary wave（2番目の波）という意味。

□ **初期微動継続時間**…初期微動の続いた時間。P波とS波の**到達時刻の差**。震源からの**距離**に比例する。

□ **地震のゆれが伝わる速さ**

$$速さ〔km/s〕 = \frac{震源からの距離〔km〕}{地震が発生してから地面のゆれが始まるまでの時間〔s〕}$$

（図：震央・震源・地表）
（グラフ：震源からの距離とP波到達／初期微動開始，S波到達／主要動開始）

② 地震の大きさの表し方と地震が起きる原因

□ **地震の大きさの表し方**…**震度**と**マグニチュード**がある。

・**震度**…ある地点での地震による**地面のゆれの程度**。
　└→震度計で測定され，0，1，2，3，4，5弱，5強，6弱，6強，7の10段階で表される。
　震源から遠くなるほど，震度は小さくなる。

・**マグニチュード（M）**…**地震の規模の大きさを表す**尺度。
　└→その地震で放出されたエネルギーの大きさに対応するように決められている。

□ **プレート**…地球の表面をおおう，厚さ約100kmの岩盤。

□ **地震の原因**…日本付近では**4枚のプレート**がおし合っていて，その**境界**で地震が起こりやすい。**海洋プレートは大陸プレートの下に沈みこんでいる**ので，日本海溝から日本列島に向かって，**震源の分布がだんだん深**くなっている。
　└太平洋プレートと北アメリカプレートの境界の海底の溝

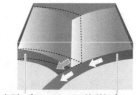
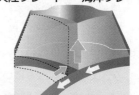

大陸プレート　　海洋プレート

大陸プレートが隆起してもとにもどるとき，地震が発生する。

□ **断層**…**地震によってできる大地のずれ**。断層のうち，くり返し活動した証拠があり，今後も活動して地震を起こす可能性があるものを，**活断層**という。

●P波とS波の速さは確実に求められるようにする。また、震源からの距離や地震発生時刻を、初期微動継続時間や複数の地点の観測結果から求められるようにする。
●マグニチュードが大きいほど広い範囲にゆれが伝わり、広い範囲で強くゆれる。

ポイント 一問一答

① 地震と地震のゆれの伝わり方

☐ (1) 地下の岩石に力が加わり、岩石が破壊されて岩盤がずれる現象を何というか。

☐ (2) 地震が最初に発生した地下の場所を何というか。

☐ (3) (2)の真上の地表の点を何というか。

☐ (4) 地震などによって、大地が上昇することを何というか。

☐ (5) 地震などによって、大地が下降することを何というか。

☐ (6) 地震の最初にくる小さなゆれを何というか。

☐ (7) (6)のゆれを伝える波を何というか。

☐ (8) (6)のゆれの後にくる大きなゆれを何というか。

☐ (9) (8)のゆれを伝える波を何というか。

☐ (10) (7)の波と(9)の波の到達時刻の差によって(6)のゆれが続いた時間を何というか。

☐ (11) 次の式の①、②にあてはまる言葉は何か。

地震のゆれが伝わる速さ〔km/s〕

$$= \frac{震源からの（①）〔km〕}{地震が発生してから地面のゆれが始まるまでの（②）〔s〕}$$

② 地震の大きさの表し方と地震が起きる原因

☐ (1) ある地点での地震による地面のゆれの程度を何というか。

☐ (2) 地震の規模の大きさを表す尺度を何というか。

☐ (3) 地球の表面をおおう、厚さ約100kmの岩盤のことを何というか。

☐ (4) 日本の下に沈みこんで地震を起こす原因になっているのは、大陸プレートか、海洋プレートか。

☐ (5) 地震によってできる大地のずれを何というか。

☐ (6) (5)のうち、くり返し活動した証拠があり、今後も活動して地震を起こす可能性があるものを何というか。

答
① (1) 地震　(2) 震源　(3) 震央　(4) 隆起　(5) 沈降　(6) 初期微動　(7) P波　(8) 主要動　(9) S波
(10) 初期微動継続時間　(11) ① 距離　② 時間
② (1) 震度　(2) マグニチュード　(3) プレート　(4) 海洋プレート　(5) 断層　(6) 活断層

1 〈震源と震央〉

右の図のAは地震が最初に発生した地下の場所を示している。次の問いに答えなさい。

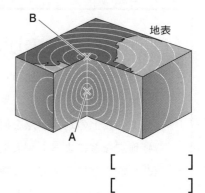

(1) Aの場所を何というか。　　[　　　　　]

(2) Aの真上の地表の点Bを何というか。

　　　　　　　　　　　　　[　　　　　]

(3) 地震などによって大地が上昇することを何というか。　　　[　　　　　]

(4) 地震などによって大地が下降することを何というか。　　　[　　　　　]

2 〈地震の波〉●重要

右の図は，震源から80km離れた地点での地震計の記録である。次の問いに答えなさい。

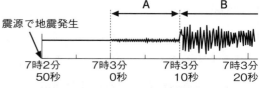

(1) 図中のA，Bのゆれを，それぞれ何というか。　A [　　　　] B [　　　　]

(2) P波とS波がこの地点に伝わったのはいつか。次のア～エからそれぞれ選び，記号で答えよ。　　　　　　　　　　　　P波 [　　　] S波 [　　　]

　ア　7時2分50秒　　イ　7時3分0秒　　ウ　7時3分10秒　　エ　7時3分20秒

(3) P波とS波が，震源からこの地点まで伝わるときの平均の速さは，それぞれ何km/sか。

　　　　　　　　　　　　　P波 [　　　　] S波 [　　　　]

3 〈震度とマグニチュード〉

右の図は，関東地震(関東大地震)が起きたときの，各地での震度の分布を示したものである。次の問いに答えなさい。

⚠ミス注意 (1) 図中のM(マグニチュード)とは何を表したものか。次のア～エから選び，記号で答えよ。　　　　　　　　[　　　]

　ア　地震の規模の大きさを表したもの。

　ウ　震源の深さを表したもの。

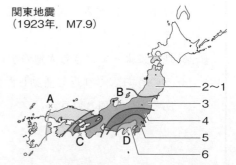

関東地震
(1923年，M7.9)

2～1
3
4
5
6

　イ　震度をより細かくわけて表したもの。

　エ　震央でのゆれの大きさを表したもの。

⚠️ミス注意 (2)震度とは何を表したものか。次の**ア～エ**から選び，記号で答えよ。　　　[　　　　]

　　ア　震源でのゆれの大きさを表したもの。

　　イ　震源での地震の規模を表したもの。

　　ウ　地表面でのマグニチュードを四捨五入したもの。

　　エ　地表面上でのゆれの大きさを表したもの。

(3)一般に，震度は，震源から遠くなるほどどうなるか。　　[　　　　　　　]

(4)この地震の震源はどこだと考えられるか，図中の**A～D**から選び，記号で答えよ。

　　　　　　　　　　　　　　　　　　　　　　　　　　　　[　　　　]

4 〈地震が起きるしくみ〉

　右の図は，日本付近で大きな地震が起きるしくみ
を説明したものである。次の問いに答えなさい。

(1)図中の**A**，**B**のような，地球の表面をおおう厚
さ100kmほどの岩盤を何というか。

　　　　　　　　　　　[　　　　　　]

図1

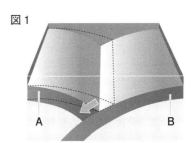

(2)**A**が図1，図2のように動くのは，どのような
ときか。次の**ア～エ**からそれぞれ選び，記号で
答えよ。　　図1[　　] 図2[　　]

図2

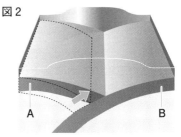

　　ア　**B**が**A**の下に沈みこむときに，**A**の先端が
　　　引きずられて沈降する。

　　イ　**A**の岩盤の変形が大きくなった結果，**A**の
　　　先端がもとにもどろうとして沈降する。

　　ウ　**B**が地球の内部から出てくるときに，**A**の先端が引きずられて隆起する。

　　エ　**A**の岩盤の変形が大きくなった結果，**A**の先端がもとにもどろうとして隆起する。

(3)地震が起きるのは，図1と図2のどちらのときか。　　　　[　　　　　]

(4)地震によってできる，大地のずれを何というか。　　　　　[　　　　　]

(5)(4)のずれのうち，くり返し活動した証拠があり，今後も活動して地震を起こす可能性
があるものを何というか。　　　　　　　　　　　　　　　[　　　　　]

💡ヒント

2(2)初期微動を伝える波がＰ波，主要動を伝える波がＳ波である。

　(3)地震のゆれが伝わる速さ〔km/s〕＝ $\dfrac{\text{震源からの距離〔km〕}}{\text{地震が発生してから地面のゆれが始まるまでの時間〔s〕}}$

3(2)震度は震度計によって測定され，測定する地点によって異なる。

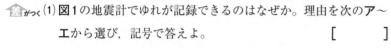

標準問題 1

▶答え 別冊p.20

1 〈地震のゆれの記録①〉 🔴重要

図1は地震計を示したものである。また，図2は震源からの距離が異なる3つの地点での地震計の記録で，小さなゆれが始まった時刻を●で，大きなゆれが始まった時刻を●で示している。さらに，その時刻を表に示した。次の問いに答えなさい。

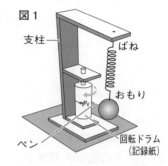

図1
支柱　ばね　おもり　ペン　回転ドラム（記録紙）

(1) 図1の地震計でゆれが記録できるのはなぜか。理由を次のア～エから選び，記号で答えよ。　[　　]

ア　地面がゆれても，回転ドラムが動かないから。

イ　地面がゆれても，おもりについたペンが動かないから。

ウ　地震で地面がゆれると，回転ドラムとおもりについたペンとが逆に動くから。

エ　装置全体が地面のゆれと同じように動くから。

(2) 図から，震源からの距離と初期微動継続時間との間には，どのような関係があるといえるか。
[　　　　　　　　　　　　　　　]

(3) この地震の初期微動を起こした波が伝わる速さは，何km/sか。小数第1位を四捨五入して求めよ。　[　　　　]

(4) この地震の主要動を起こした波が伝わる速さは，何km/sか。小数第1位を四捨五入して求めよ。
[　　　　]

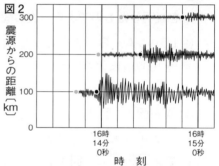

図2
震源からの距離〔km〕
300 / 200 / 100 / 0
16時14分0秒　16時15分0秒
時　刻

震源からの距離〔km〕	●の時刻（16時を省略）	●の時刻（16時を省略）
100	13分44秒	13分57秒
200	13分58秒	14分24秒
300	14分11秒	14分50秒

(5) 震源で地震が発生した時刻は，何時何分何秒だと考えられるか。[　　　　　　　　　]

2 〈地震のゆれの記録②〉

右の図は，AとBの2地点で，ある地震のゆれを記録したものである。次の問いに答えなさい。

(1) AとBの2地点での初期微動継続時間は，それぞれ何秒か。　A [　　　]
　　　　　　　　　　　　　　　　　B [　　　]

(2) B地点と震源との距離は，A地点と震源との距離の約何倍だと考えられるか。ただし，A，Bの地点に伝わる地震の波の速さは同じものとする。
[　　　　]

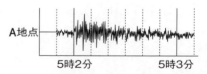

A地点
5時2分　5時3分

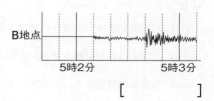

B地点
5時2分　5時3分

3 〈地震のゆれの記録③〉 ●**重要**

右の表は，ある地震が起きたときのゆれを
観測した2地点の，震源からの距離と地震
波が伝わるまでの時間の関係を示したもの
である。次の問いに答えなさい。

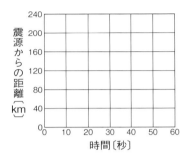

	震源からの距離〔km〕	P波が伝わるまでの時間〔秒〕	S波が伝わるまでの時間〔秒〕
A	80	10	20
B	160	20	40

(1) 地震が発生してから，A地点で主要動が始まるまでの時間は何秒か。 [   ]

(2) B地点での初期微動継続時間は何秒か。
[   ]

⚠ミス注意 (3) 右の図に，P波とS波が伝わる時間と震源からの距離との関係をかけ。

(4) P波とS波の伝わる速さはそれぞれ何km/sか。

P波 [   ] S波 [   ]

(5) 震源から280km離れた地点で初期微動が始まるのは，震源で地震が発生してから何秒後か。 [   ]

(6) 震源から120km離れた地点では，地震計の記録はどのようになるか。次のア～エから選び，記号で答えよ。ただし，時間は震源で地震が発生したときを0秒としている。 [   ]

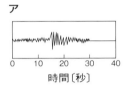 ア
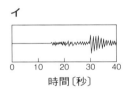 イ
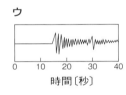 ウ
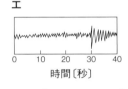 エ

(7) 震源から300km離れた地点では，初期微動継続時間が何秒になるか。 [   ]

(8) 初期微動継続時間が45秒になるのは，震源から何km離れた地点か。 [   ]

4 〈ゆれ始めの時刻と震央〉

右の図は，ある日の17時14分25秒に発生した地震のゆれ
始めの時刻を示している。点線で区分されたX～Zは震
度が同じ地域を示している。次の問いに答えなさい。

🏠がつく (1) 図に，17時14分50秒にゆれはじめた地点を結ぶ曲線をかけ。

⚠ミス注意 (2) 震央は図中のA～Eのどれだと考えられるか。記号で答えよ。 [   ]

(3) 図中のX～Zの地域の震度の大きさをくらべると，どのようになるか。震度の大きい順に，X～Zの記号を並べよ。 [   ]

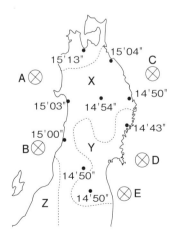

1 〈震度分布と震央〉
　下の図は，ほぼ同じ深さの地点を震源として起こった，地震A，Bの震度の分布を示したものである。あとの問いに答えなさい。

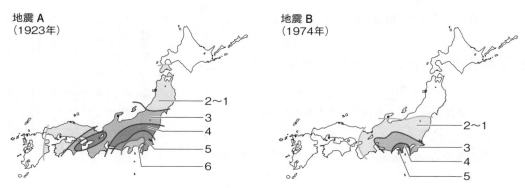

地震A
（1923年）

2～1
3
4
5
6

地震B
（1974年）

2～1
3
4
5

(1)マグニチュードが大きかったのは，地震A，Bのどちらだと考えられるか。記号で答えよ。

[　　　　]

(2)次の文は，(1)のように考えられる理由を説明したものである。①，②の[　]に適当な語を入れ，文を完成させよ。　　　　　　　　　　　　　①[　　　　　　]　②[　　　　　　]

　　地震が起こったときに震源で放出されたエネルギーが大きいほど，強いゆれが観測される範囲が[　①　]く，また，地震のゆれがより[　②　]範囲に伝わるから。

(3)震度についての説明としてまちがっているものを，次のア～エから選び，記号で答えよ。

[　　　　]

　ア　最も弱い震度は 0 である。

　イ　最も強い震度は10である。

　ウ　震度 5 と震度 6 には強と弱がある。

　エ　震度は10階級にわけられている。

(4)マグニチュードが同じで震央も同じ地震が起きたとき，地震の被害が大きくなりやすいのは，震源が浅いときか，深いときか。　　　　　　　　　　　　　　　[　　　　　　]

(5)規模の大きい地震が，海岸の埋め立て地や河川沿いなどの砂や泥でできた土地で起こると，土地が急に軟弱になり，大きな被害が出ることもある。この現象を何というか。

[　　　　　　]

2 〈プレートと震源の分布〉 重要
日本付近で発生する地震について，次の問いに答えなさい。

(1) 日本列島をふくむ地下の東西方向の断面に，マグニチュード5以上の地震の震源を示すとどのようになるか。次のア〜エから選び，記号で答えよ。　[　　　]

ア　イ　ウ　エ
（日本海　太平洋／0・100・200・深さ〔km〕の図が4つ）

(2) (1)のようになるのはなぜか。その理由として最も適当なものを，次のア〜エから選び，記号で答えよ。　[　　　]
ア　大陸プレートが海洋プレートの下に沈みこんでいるから。
イ　海洋プレートが大陸プレートの下に沈みこんでいるから。
ウ　大陸プレートと海洋プレートがぶつかりあって，ほとんど動かなくなっているから。
エ　大陸プレートと海洋プレートが，地下の浅いところで横方向にすれちがっているから。

(3) 大規模な地震が起きると，海面に大きな波が発生し，遠く離れた地域の沿岸部などにも大きな被害が出ることがある。この現象を何というか。　[　　　]

(4) (3)の現象が起きやすいのは，震源がどこである場合か。　[　　　]

3 〈プレート〉 がつく
右の図は，日本列島付近のプレートを示したものである。次の問いに答えなさい。

(1) 図中のA〜Dのプレートの名前を，次のア〜エからそれぞれ選び，記号で答えよ。　A[　　　]
B[　　] C[　　] D[　　]
ア　フィリピン海プレート
イ　北アメリカプレート
ウ　太平洋プレート
エ　ユーラシアプレート

(2) 図中のA〜Dから，大陸プレートをすべて選び，記号で答えよ。　[　　　]

(3) 図中のCのプレートは，図中のa，bのどちらのように動くか。　[　　　]

(4) 図中のDのプレートは，図中のc，dのどちらのように動くか。　[　　　]

(5) 大陸プレートと海洋プレートとの間の，海底で深く溝のようになっているところを何というか。　[　　　]

(6) (5)の溝の付近を震源とする地震が起きたとき，震源周辺の海底で起きやすい変化は，隆起，沈降のどちらか。　[　　　]

4章 ③地層

大地の変化

重要ポイント

①地層のでき方

□ **風化**…太陽の熱や水のはたらきで，**地表の岩石が表面からくずれ**，砂や泥などの粒に変わること。

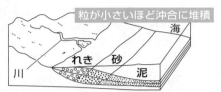
粒が小さいほど沖合に堆積
川 れき 砂 泥 海

□ **堆積**…水が土砂などを水底に**積もらせる**作用。

□ **地層のでき方**…風化してれき・砂・泥になった岩石が，流水の侵食・運搬・堆積作用により，海底や湖底のような場所に層をつくる。
水が岩石をけずりとる作用／水が土砂などを運ぶ作用

□ **堆積岩**…地層中の堆積物が固まってできた岩石。

□ **柱状図**…地層の重なりを柱のように表したもの。

□ **かぎ層**…火山灰をふくむ層など，地層のつながりを知る大きな**手がかりとなる**層。

岩石名	おもな堆積物や特徴	
泥岩	岩石や鉱物の破片	泥(直径0.06mm以下)
砂岩		砂(直径0.06〜2mm)
れき岩		れき(直径2mm以上)
石灰岩	生物の死がいなど	うすい塩酸をかけると，二酸化炭素の泡が発生。
チャート		うすい塩酸と反応しない。
凝灰岩	火山噴出物(火山灰，軽石など)	

②化石からわかること

□ **化石**…生物のからだや生活のあとが地層の中に残ったもの。

・**示相化石**…地層ができた当時の環境を推定できる。
└その生物がすめる環境だったことを示す。

・**示準化石**…地層ができた**時代**を推定できる。
└限られた時代に生存していた生物の化石

□ **地質年代**…地層ができた時代。示準化石などをもとに区分されている。
└古生代，中生代，新生代の順に新しくなる。

地質年代	古生代	中生代	新生代		
			古第三紀	新第三紀	第四紀
示準化石	サンヨウチュウ フズリナ シダのなかま	アンモナイト ティラノサウルス ソテツのなかま	ナウマンゾウ ビカリア メタセコイア		

③大地の変化

□ **しゅう曲と断層**…地層に2方向以上の力が加わると**しゅう曲**や**断層**ができる。
└地層が波打つように曲がったもの。

□ **海岸段丘**…土地の隆起などにより，海岸にできた**階段状**の地形。

□ **プレートの誕生と動き**…地球の表面をおおうプレートは海嶺で誕生する。プレートが移動すると，その境に海溝ができたり，大きな山脈ができたりする。
└これらの場所では，火山活動や地震などが起こりやすい。

しゅう曲のでき方　断層(正断層)のでき方

94

テストでは**ココ**がねらわれる
- 石灰岩とチャートは生物の死がいなどが沈殿した堆積岩,凝灰岩は火山噴出物の堆積岩である。
- 示相化石と示準化石のちがいはしっかり理解しておく。示相化石は地層ができた当時の環境を推定できる化石であり,示準化石は地層ができた時代を推定できる化石である。

ポイント 一問一答

① 地層のでき方

- □ (1) 太陽の熱や水のはたらきで,地表の岩石が表面からくずれ,砂や泥などの粒に変わることを何というか。
- □ (2) 水が岩石をけずりとる作用を何というか。
- □ (3) 水が土砂などを運ぶ作用を何というか。
- □ (4) 水が土砂などを水底に積もらせる作用を何というか。
- □ (5) 地層中の堆積物が固まってできた岩石を何というか。
- □ (6) れき岩,砂岩,泥岩を,粒が小さい順に並べよ。
- □ (7) 生物の死がいなどからできている堆積岩の名前を 2 つ書け。
- □ (8) 火山噴出物からできている堆積岩を何というか。
- □ (9) 地層の重なりを柱のように表したものを何というか。
- □ (10) 火山灰をふくむ層など,地層のつながりを知る手がかりとなる層を何というか。

② 化石からわかること

- □ (1) 地層ができた当時の環境が推定できる化石を何というか。
- □ (2) 地層ができた時代が推定できる化石を何というか。
- □ (3) 古生代,中生代,新生代などの地層ができた時代を何というか。
- □ (4) 次の①～③の地層ができた時代を示す(2)の化石を,下のア～オからそれぞれすべて選び,記号で答えなさい。

    ① 古生代　　　② 中生代　　　③ 新生代

    ア サンヨウチュウ　　　イ ビカリア　　　ウ アンモナイト

    エ ナウマンゾウ　　　オ フズリナ

③ 大地の変化

- □ (1) 長時間大きな力を受けて,地層が波打つように曲がったものを何というか。
- □ (2) 土地が隆起することなどによって,海岸に沿ってできた階段状の地形を何というか。

答
① (1) 風化　(2) 侵食　(3) 運搬　(4) 堆積　(5) 堆積岩　(6) 泥岩,砂岩,れき岩
(7) 石灰岩,チャート　(8) 凝灰岩　(9) 柱状図　(10) かぎ層
② (1) 示相化石　(2) 示準化石　(3) 地質年代　(4) ① ア,オ　② ウ　③ イ,エ
③ (1) しゅう曲　(2) 海岸段丘

基礎問題

▶答え　別冊p.21

1 〈地層のでき方〉

右の図は，海底にれき，砂，泥が堆積して
いるようすを模式的に示したものである。
次の問いに答えなさい。

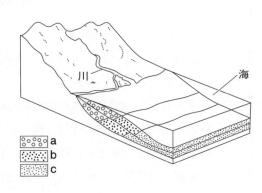

(1) 地表に出ている岩石は，太陽の熱や水の
はたらきによって，表面がぼろぼろにな
ってくずれていく。このような現象を何
というか。

[　　　　　]

(2) 風や流水が岩石をけずりとるはたらきを何というか。　　　　[　　　　　]

(3) 川などの水が土砂などを運ぶはたらきを何というか。　　　　[　　　　　]

(4) れきを表しているのは，図中のa～cのどれか。　　　　　　[　　　　　]

(5) 堆積する場所が河口から遠いほど，堆積物の粒の大きさはどうなるか。[　　　　　]

2 〈堆積岩〉 ●重要

右の表は，いろいろな堆積岩につい
てまとめたものである。次の問いに
答えなさい。

(1) 表中のA～Dの岩石の名前をそれぞ
れ書け。　　　　　A [　　　　　]
　　　　　　　　　B [　　　　　]
　　　　　　　　　C [　　　　　]
　　　　　　　　　D [　　　　　]

(2) Aの岩石の地層ができたのは，どの
ような場所だと考えられるか。次の
ア～ウから選び，記号で答えよ。

[　　　　　]

ア　川の中流の，流れが急なところ

イ　河口のすぐ近くの，浅い海底

ウ　沖合の深い海底

(3) Dの岩石の地層ができたときには，何が起きたと考えられるか。　[　　　　　]

岩石名	おもな堆積物や特徴
A	直径が0.06mm以下の岩石や鉱物の破片が堆積してできた岩石
B	直径が0.06mm～2mmの岩石や鉱物の破片が堆積してできた岩石
れき岩	直径が2mm以上の岩石や鉱物の破片が堆積してできた岩石
C	生物の死がいなどが堆積してできた岩石。うすい塩酸をかけると気体が発生
チャート	生物の死がいなどが堆積してできた岩石。うすい塩酸をかけても変化なし
D	火山灰や軽石などの火山噴出物が堆積してできた岩石

3 〈化石からわかること〉 ←重要

ある地域の地層を調べ
たところ，Xの層には
サンヨウチュウの化石，
Yの層にはアンモナイ
トの化石，Zの層には

X サンヨウチュウ
の化石

Y アンモナイト
の化石

Z ブナの葉の化石

ブナの葉の化石がふくまれていた。次の問いに答えなさい。

(1) X，Yの層はいつごろ堆積したと考えられるか。次の**ア～ウ**からそれぞれ選び，記号
で答えよ。　　　　　　　　　　　　　　　　　　X [　　　] Y [　　　]

ア 古生代　　　**イ** 中生代　　　**ウ** 新生代

(2) サンヨウチュウやアンモナイトの化石のように，その地層ができた時代を推定するの
に役立つ化石を何というか。　　　　　　　　　　　　　　　[　　　　　　]

(3) (2)の化石などをもとに区分された，地層ができた時代を何というか。[　　　　　]

(4) ブナは現在でも見られる植物で，やや寒い気候の土地に多く生えている。このことか
ら，Zの層ができた地域は，当時どのような環境だったと考えられるか。

[　　　　　　　　　　　]

(5) ブナの葉の化石のように，その地層ができた地域の，当時の環境を推定するのに役立
つ化石を何というか。　　　　　　　　　　　　　　　　　[　　　　　　]

4 〈地層の変形〉

右の図は，ある地点の地層が変形したようすを示したも
のである。次の問いに答えなさい。

(1) Aのように地層がおし曲げられたものを何というか。

[　　　　　]

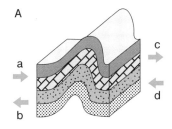

(2) Aのように地層を変形させた力は，どの方向の力か。
図中の**a～d**から2つ選び，記号で答えよ。

[　　　　　]

(3) Bのような大地のずれを何というか。　[　　　　]

⚠ミス注意 (4) Bのように地層を変形させた力は，おす力か，引く力
か。　　　　　　　　　　　　[　　　　]

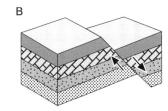

 ヒント

2 (1) 泥は直径0.06mm以下，砂は直径0.06mm～2mm，れきは直径2mm以上の大きさの岩石や鉱物の
粒である。

3 (1) サンヨウチュウはフズリナと同じ地質年代，アンモナイトはティラノサウルスと同じ地質年代に栄
えた生物である。

▶答え　別冊p.21

標準問題 1

1 〈地層のでき方〉

図1は，ある川が海に流れこむ地点での堆積物の分布を示したものである。図2は，図1の層の上に，さらに新しい層が積み重なったところを示したものである。次の問いに答えなさい。

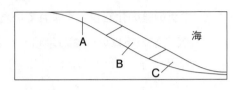
図1

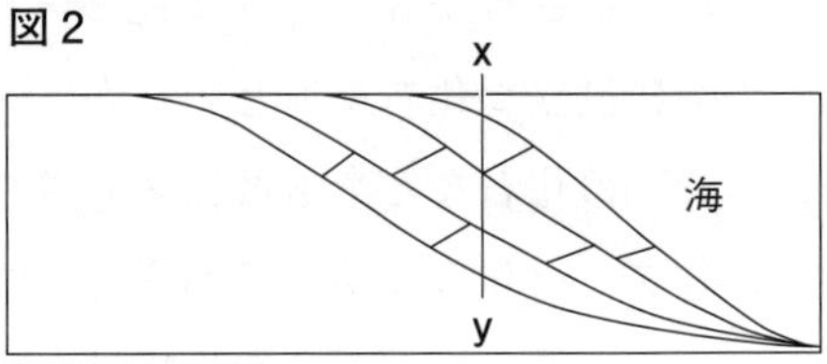

(1)図1で泥を表しているものはどれか。A～Cから選び，記号で答えよ。　[　　　]

⚠ミス注意 (2)(1)のようになっている理由を，次のア～エから選び，記号で答えよ。　[　　　]

ア　粒が大きいものほど，遠くへ運ばれるから。

イ　粒が小さいものほど，短時間で沈むから。

ウ　粒が小さいものほど，遠くへ運ばれるから。

エ　密度が大きいものほど，遠くへ運ばれるから。

図2

(3)図2のx—y の部分の堆積物の柱状図がどのようになるかを，次のア～エから選び，記号で答えよ。　[　　　]

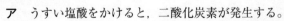

ア　　　　イ　　　　ウ　　　　エ

泥

砂

れき

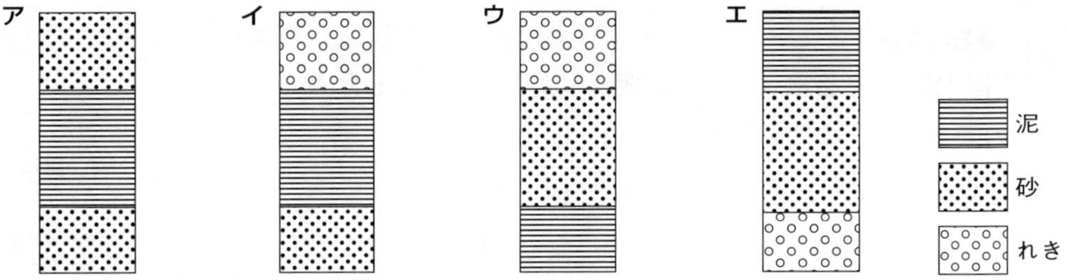

2 〈露頭〉

右の図は，ある場所の露頭を観察したスケッチである。次の問いに答えなさい。

(1)石灰岩の特徴として正しいものを，次のア～エからすべて選び，記号で答えよ。　[　　　]

ア　うすい塩酸をかけると，二酸化炭素が発生する。

イ　とてもかたく，ハンマーでたたくと火花が出る。

ウ　生物の死がいが固まってできていることが多い。

エ　主な成分は，二酸化ケイ素である。

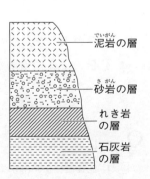
泥岩の層

砂岩の層

れき岩の層

石灰岩の層

(2)図中の4つの層のうち，最も新しい層はどの層だと考えられるか。ただし，この地層には上下の逆転はなかったとする。　[　　　]

(3) 図中のれき岩の層と砂岩の層ができる間，この地点の海の深さはどのように変化したと考えられるか。次の**ア～エ**から選び，記号で答えよ。　　　　　[　　　　　]

ア　海底が隆起して，しだいに浅くなった。

イ　海底が隆起して，しだいに深くなった。

ウ　海底が沈降して，しだいに浅くなった。

エ　海底が沈降して，しだいに深くなった。

3 〈柱状図と地層〉 🔑重要

ある地域において，A，B，Cの3地点での地層の重なり方を調べた。図1はこの地域の地形図であり，図2は各地点でのボーリング調査の結果を柱状図で示したものである。なお，この地域では，凝灰岩の層は1つしかなく，また，地層には上下の逆転や断層は見られず，各層は平行に重なり，ある方角に傾いている。あとの問いに答えなさい。

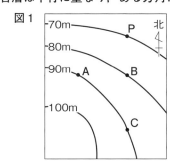
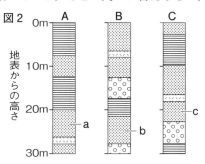

(1) 右の図は，地層にふくまれる4種類の岩石をルーペで観察したスケッチである。**ア～エ**の岩石の名前を，それぞれ**図2**の岩石の種類から選んで書け。

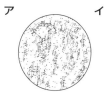

ア [　　　　　　　]

イ [　　　　　　　]

ウ [　　　　　　　]

エ [　　　　　　　]

(2) A，B，Cの3地点での地層のつながりを考えるときに，かぎ層となる層は何の層か。　[　　　　　　　]

⚠️ミス注意 (3) **図2**に示したa，b，cの地層を，堆積した時代が古いと考えられるものから順に並べるとどうなるか。記号で答えよ。

[　　　　　　　　　　　]

(4) この地域の地層の傾きは，どの方角に向かって低くなっていると考えられるか。次の**ア～エ**から選び，記号で答えよ。　　　　　　　　　[　　　　]

ア　東　　　イ　西　　　ウ　南　　　エ　北

(5) 図中の**P**地点で地層の重なり方を調べた場合，地表から深さ5mのところに見られる岩石は，何であると考えられるか。次の**ア～エ**から選び，記号で答えよ。　　　[　　　　]

ア　砂岩　　　イ　泥岩　　　ウ　れき岩　　　エ　凝灰岩

標 準 問 題 2

▶答え　別冊p.22

1 〈地層ができた時代がわかる化石〉 ◦➡重要

下の図は，地質年代ごとのおもな示準化石を示している。あとの問いに答えなさい。

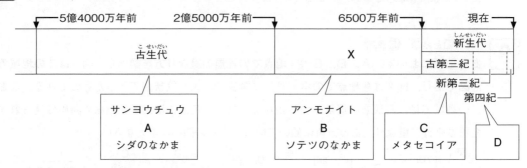

(1) **X**にあてはまる地質年代の名前を書け。　　　　　　　　　　　　　[　　　　　　　]

(2) **A～D**は，次の**ア～エ**のいずれかの化石である。**A，B，C**にあてはまるものをそれぞれ選び，記号で答えよ。　　　　　　　　A [　　　] B [　　　] C [　　　]

　　ア　ナウマンゾウ　　　**イ**　フズリナ　　　**ウ**　ビカリア　　　**エ**　ティラノサウルス

⚠ミス注意 (3) 示準化石になる生物の特徴を次からすべて選び，記号で答えよ。　　　　[　　　　　　　]

　　ア　広い範囲にすんでいた。

　　イ　限られた環境にしかすめない生物だった。

　　ウ　限られた時代にだけ栄えて，その後は絶滅してしまった。

　　エ　限られた地域にだけすんでいて，現在まで絶滅していない。

2 〈しゅう曲と断層〉

右の図は，**A～C**の3つの地点の，断層やしゅう曲のようすを示したものである。次の問いに答えなさい。

A　　　　　　　B　　　　　　　C

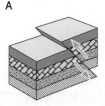 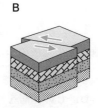 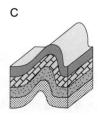

(1) **A～C**は，どのように地層が変形したものだと考えられるか。次の**ア～エ**からそれぞれ選び，記号で答えよ。　　　　　　　A [　　　] B [　　　] C [　　　]

　　ア　地層を両側からおす向きの力が加わり，地層が曲がった。

　　イ　地層を両側からおす向きの力が加わり，地層が切れてずれた。

　　ウ　地層を両側から引っぱる向きの力が加わり，地層が切れてずれた。

　　エ　地層を両側からおす力とそれに交差する方向に引っぱる力が加わり，地層が切れてずれた。

差がつく (2) 地層の上下の逆転が起きることがあるものを図中の**A～C**から選び，記号で答えよ。

　　　　　　　　　　　　　　　　　　　　　　　　　　　　　　　　[　　　　　　　]

3 〈海岸の地形の変化〉

右の図は，日本各地の海岸でよく見られる地形を示したものである。次の問いに答えなさい。

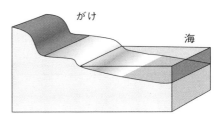

(1) 図のように，切りたったがけと海との間に平らな土地が見られる，階段状（かいだんじょう）の地形を何というか。
[　　　　　　]

(2) 次の文章は，図に示されたような地形のでき方を説明したものである。①〜③の[　]に適当な語を入れ，文章を完成させよ。

① [　　　　　　]　　② [　　　　　　]　　③ [　　　　　　]

日本付近では，海洋プレートの沈（しず）みこみにともない，大陸プレートが少しずつ引きずりこまれて[①]している。①して海面より低くなった部分は，波による[②]の作用を受けて，波打ちぎわ付近の海底に平らな面ができる。その後，急に海面が低下したり，地震（じしん）などによって大地が[③]したりすると，平らな面が海上に現れて，図のような階段状の地形ができる。

4 〈地形の変化と地層〉

右の図は，ある露頭（ろとう）を観察してスケッチしたものである。次の問いに答えなさい。

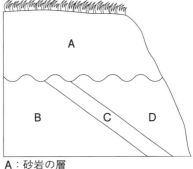

(1) 図中のCの層ができたときには，何が起きたと考えられるか。
[　　　　　　]

重要(2) 図中のBの層ができたときには，この地域の環境（かんきょう）はどうだったと考えられるか。次のア〜エから選び，記号で答えよ。
[　　]

ア　冷たくて深い海だった。

イ　冷たくて浅い海だった。

ウ　あたたかくて深い海だった。

エ　あたたかくて浅い海だった。

A：砂岩の層
B：サンゴの化石をふくむ，れき岩の層
C：凝灰岩の層
D：泥岩の層

がつく(3) この露頭で観察できる地層ができるまでには，次のア〜キがどのような順に起きたと考えられるか。アを最後として，ア〜キを順に並べよ。　　[　　　　　　　　　　　　]

ア　海底にAの層の砂岩（さがん）にふくまれる砂が堆積（たいせき）した。

イ　海底にBの層のれき岩にふくまれるれきが堆積した。

ウ　Cの層の凝灰岩（ぎょうかいがん）にふくまれる火山噴出物（かざんふんしゅつぶつ）が堆積した。

エ　Dの層の泥岩（でいがん）にふくまれる泥（どろ）が堆積した。

オ　大地が傾きながら隆起（りゅうき）して陸地になり，流水や風によって侵食（しんしょく）された。

カ　大地が沈降（ちんこう）して，陸地が海底になった。

キ　大地が沈降して，海底が深くなった。

4章

大地の変化

❹自然の恵みと火山災害・地震災害

重要ポイント

① 火山災害

☐ **火山災害**…火山が噴火すると，火山噴出物によって，生活や人命に被害をおよぼす
  └→火山弾や火山れき，軽石や火山灰，火山ガスや溶岩など
  ことがある。
  └→火山噴出物や火山ガスが流れ出すもの。高速で流れる。
- **火砕流，溶岩流**…火山噴出物が流れ出すことによって起こる災害。
  └→溶岩が流れ出すもの。流れる速さは，火砕流より遅い。
- **泥流，土石流**…山の土砂や堆積した火山灰が，雨などによって流れ落ちる災害。
- **噴石**…火口から吹き飛ばされる**岩石**。
  └→火山弾や，山を構成していた岩石の破片など。

② 地震災害

☐ **地震災害**…地震は，ゆれそのものによる被害だけでなく，**隆起**や**沈降**，断層やしゅ
  └→地面が持ち上がること。 └→地面が沈むこと。
  う曲などの大地の変化や，津波などの他の災害をもたらすことがある。
  └→岩盤に大きな力が加わることで，地面が押し曲げられたりすること。
- **液状化(現象)**…ゆるく堆積していた砂などの地盤に振動が加わることで，地盤が地
  下水などの液体と混ざり，流動的になる現象。
- **津波**…地震にともなう急激な海底の隆起や沈降により発生する大規模な波。
- **地すべり・崖崩れ**…斜面や崖を構成している岩石や土壌が崩れることで起こる災害。

☐ **災害に対する備え**…日本では，火山の噴火や地震に備えて，あらかじめ避難する際
  に必要な情報や，災害が起きる前に予想情報を発信するなどの備えを行っている。
- **ハザードマップ**…火山の噴火や地震による被災，大雨などによる洪水や浸水が想定
  される地区や，避難場所や防災関係施設を示した地図。
- **緊急地震速報**…初期微動を引き起こすP波が伝えるゆれの大きさを観測し，その後
  に大きな地震が来ることをいち早く伝えるもの。
- **津波警報**…ゆれの大きさから，沿岸に到達する津波の高さを予想し，伝えるもの。

③ 自然の恵み

☐ **プレートの動きによる恵み**…プレートの動きは，火山災害や地震災害をもたらす
  だけでなく，日本の地形や私たちの生活に，さまざまな恵みをもたらしている。
- **わき水**…火山岩や火山灰などを経て地中にしみ込んだ雨水が，断層や火山堆積物の
  間から地上にわき出したもの。
- **温泉**…地球内部で発生した地熱が，わき水を温めたもの。
- **地熱発電**…地熱によってできた高温の水蒸気を用いてタービンを回し，発電するこ
  と。

●地震を伝える波には，初期微動を伝えるP波と主要動を伝えるS波がある。緊急地震速報は，P波を計測することで，のちに到着するS波によるゆれの情報を発信している。

●私たちは，日頃から災害が起きたときにどのように身を守るかを考えておく必要がある。

ポイント 一問一答

① 火山災害

□ (1) 火山弾や火山れき，火山ガスや溶岩など，火山の噴火の際に火口から噴き出したものを何というか。

□ (2) (1)のうち，風によって遠くまで運ばれ広い範囲に被害をおよぼすものを何というか。

□ (3) 火山から噴出した固体と，火山ガスなどが混ざりあった状態で，地表に沿って流れ出す現象を何というか。

□ (4) 噴火の際に，噴石などの固体が遠くまで飛ぶと考えられる火山は，ドーム状の形か，傾斜のゆるやかな形か。

② 地震災害

□ (1) 地震などによって，地面が持ち上がることを何というか。

□ (2) 地震などによって，地面が押し曲げられることを何というか。

□ (3) 地震によって，地盤が地下水と混ざって流動的になる現象を何というか。

□ (4) 地震にともなう海底の急激な隆起などによって発生する，大規模な波を何というか。

□ (5) 災害による被災が想定される地区や，避難場所や避難経路，防災関係施設を示した地図のことを何というか。

□ (6) 各地に設置されている地震計がとらえたデータから，大きな地震を予測し，その情報を発信するものを何というか。

□ (7) 地震の大きさから，沿岸に到達する津波の高さを予想し，あらかじめ伝えるものを何というか。

③ 自然の恵み

□ (1) 地震や火山活動は，地中の岩盤が動くことによって引き起こされている。この岩盤を何というか。

□ (2) 地熱によってできた高温の水蒸気を用いて行う発電のことを何というか。

答

① (1) 火山噴出物　(2) 火山灰(火山砕屑物)　(3) 火砕流　(4) ドーム状の形

② (1) 隆起　(2) しゅう曲　(3) 液状化(現象)　(4) 津波　(5) ハザードマップ　(6) 緊急地震速報
　　(7) 津波警報

③ (1) プレート　(2) 地熱発電

基礎問題

▶答え　別冊 p.22

1 〈火山噴出物と災害〉

右の図は，火山とその地下のようすを模式的に示したものである。次の問いに答えなさい。

(1) 図中の**A**で示される，高温でとけた状態の岩石を何というか。　　　　　　　　　　[　　　　　]

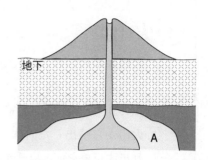

(2) 次の文章は，火山の噴火によって起こる災害について説明したものである。①，②の[　]に適当な語を入れ，文章を完成させよ。　①[　　　　　]　②[　　　　　]

　火山が噴火すると，火山噴出物によってさまざまな被害が生じる。例えば，マグマが地表に流れ出す[　①　]流は，流れる経路の可燃物を燃やすだけでなく，[　①　]が固まると，岩となって地形を変えてしまうことがある。また，細かな火山噴出物である[　②　]は，風によって遠くまで流されてしまうため，被害が広い範囲に及ぶ。

(3) 火山の噴火や地震などの災害について，被災が想定される区域や，避難場所や避難経路，防災関係施設を示した地図を何というか。　　　　　　　　[　　　　　　　　　]

(4) 図の**A**や火山噴出物は，私たちに災害だけでなく恵みをもたらしている。その恵みとして当てはまらないものを，次の**ア〜エ**から選び，記号で答えよ。　　　　[　　　　]

　　ア 温泉　　　**イ** 水はけのよい土地　　　**ウ** 地熱発電　　　**エ** 石油

2 〈地震の規模とゆれの大きさ〉 ●重要

右の図は，2011年3月に東北地方太平洋沖地震が起きたときの，各地でのゆれの大きさを示したものである。次の問いに答えなさい。

東北地方太平洋沖地震
(2011年，M9.0)
2〜1
3
4
5
×A
6〜7

(1) 図中の**A**は，地下の岩石が破壊され，地震が発生した地点を表したものである。このように，岩石の破壊が始まった点のことを何というか。

[　　　　　　　　]

(2) 図中の**A**で放出されたエネルギーに対応する，地震の規模の大きさを表す尺度を何というか。

[　　　　　　　　]

(3) 図中に示されている，各地のゆれの大きさを表す階級を何というか。　[　　　　　　]

(4) 東日本大震災では，図のように(1)が海底にあったため，海面に大きな波が発生し，沿岸部に大きな被害があった。この波を何というか。　　　　　　　[　　　　　　]

3 〈地震の発生〉
右の図は，日本列島の地下のようすを東西方向の断面図として模式的に示したものである。次の問いに答えなさい。

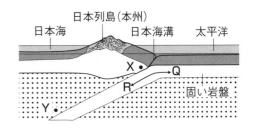

(1) 図のように，地球の表面は厚さ100km程度の固い岩盤でおおわれている。この岩盤を何というか。　[　　　　　　]

(2) 太平洋側の岩盤の移動する向きは，図中のQ，Rのどちらか。　[　　　　　　]

(3) 日本付近で起こる地震の震源がより多く分布しているのは，図中のX，Yのどちらか。　[　　　　　　]

(4) 地震によって起こる大地の変化として当てはまらないものを，次のア～エから選び，記号で答えよ。　[　　　　　　]

ア 液状化現象が起こる。　**イ** 扇状地ができる。
ウ 隆起や沈降が起こる。　**エ** がけくずれが起こる。

4 〈地震〉 重要
右の図は，ある日の午前9時44分45秒に発生した地震を，地震の発生地点から105km離れたX地点で記録したものである。次の問いに答えなさい。ただし，この地震の震源は浅く，地震のゆれを起こす波の伝わる速さは一定であるものとする。

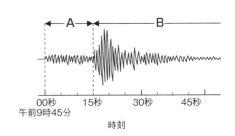

(1) 図中のAのように，先に記録された小さなゆれを何というか。　[　　　　　　]

(2) 図中のBのように，後から記録された大きなゆれを伝える波を何というか。　[　　　　　　]

(3) 図中のBのゆれがこの地点まで伝わるときの平均の速さは何km/sか。小数第一位まで答えよ。　[　　　　　　]

(4) 先に記録される小さなゆれを解析して発表される，大きな地震の情報をいち早く伝える速報を何というか。　[　　　　　　]

ヒント

1 (2) 火山噴出物には，火山ガス，火山弾，火山れき，火山灰などがある。
3 (4) 地震によって，大地に大きな力が加わったり，地中の状態が変化したりすることがある。
4 (3) 地震の発生した時間と地震が到着した時間から，ゆれが伝わるのにかかった時間がわかる。

1 〈プレートの動きと災害〉

右の図は日本付近のプレートの境目を示したものである。矢印（➡）は海洋プレートが動く向きを表しており，Aは日本の南側に位置する海洋プレートである。次の問いに答えなさい。

(1) 図中のAのプレートを何というか。次のア～エから選び，記号で答えよ。　[　　　]

　ア　フィリピン海プレート　　イ　北アメリカプレート

　ウ　ユーラシアプレート　　　エ　太平洋プレート

(2) 図中のB，Cにおいて，震源の分布はどのようになっているか。次のア～エから選び，記号で答えよ（震源を • とする）。　[　　　]

| ア | イ | ウ | エ |

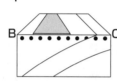 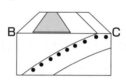 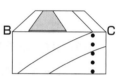

2 〈地震の伝わり方〉🔊重要

図1は，震源から120km離れたA地点の地震計で，ある地震のゆれを記録したものである。また，図2は，この地震についての，P波およびS波が届くまでの時間と，震源からの距離との関係をグラフに表したものである。次の問いに答えなさい。

図1

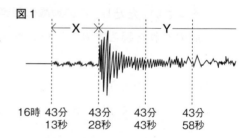

16時 43分　　43分　　43分　　43分
　　 13秒　　28秒　　43秒　　58秒

(1) 図1中のYのゆれを何というか。[　　　　　　]

(2) この地震で，P波が伝わる速さは何km/sか。

　　　　　　　　　　　　　　　　　[　　　　　]

(3) この地震が発生したのはいつか。次のア～エから選び，記号で答えよ。　[　　　]

　ア　16時42分38秒　　イ　16時42分53秒

　ウ　16時42分58秒　　エ　16時43分13秒

(4) この地震の震源から30kmの地点にP波が到達し，その4秒後に緊急地震速報が出されたとすると，A地点にこの地震のS波が到達したのは，緊急地震速報が出されてから何秒後か。次のア～エから選び，記号で答えよ。　[　　　]

　ア　9秒後　　イ　20秒後　　ウ　26秒後　　エ　35秒後

図2

震源からの距離〔km〕
150　120　90　60　30　0
0　5　10　15　20　25　30　35　40
地震発生後，P波およびS波が届くまでの時間〔s〕

P波　S波

3 〈地層〉 **重要**

右の図は，あるがけに見られた地層のようすを模式的に示したものであり，**X**の層にはシジミの化石がふくまれていた。次の問いに答えなさい。ただし，この地域では地層の逆転はなかったものとする。

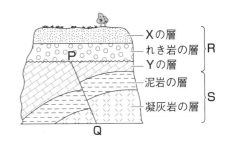

- Xの層
- れき岩の層 ┐R
- Yの層
- 泥岩の層 ┐
- 凝灰岩の層 ┘S

(1) 図で見られる地層の曲がりを何というか。

[　　　　　]

(2) 図中の**P－Q**のような地層のずれは，地層がどのような力を受けてできたものか。次の**ア～エ**から選び，記号で答えよ。

[　　　　　]

ア　　　　　　　　イ　　　　　　　　ウ　　　　　　　　エ

(3) この地層に凝灰岩が見られることから，この地域では過去にあるできごとが起こったことがわかる。その自然現象は何か。次の**ア～エ**から選び，記号で答えよ。

[　　　　　]

ア　大規模な洪水　　イ　火山の噴火　　ウ　山火事　　エ　地震

(4) 陸上にあるがけから，水中にすむシジミの化石が見つかったのはなぜか。

[　　　　　　　　　　　　　　　　　]

(5) 図の地層が堆積したときに起こったできごとを，古いと考えられる順に並べかえるとどうなるか。記号で答えよ。

[　　　　　]

ア　地層の曲がりができる。　　イ　Sの層が堆積する。

ウ　Rの層が堆積する。　　エ　P－Qの地層のずれができる。

4 〈火山の形〉 **重要**

右の図は，マグマのねばりけに違いがある2つの火山のようすを模式的に示したものである。次の問いに答えなさい。

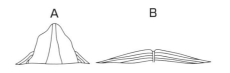

A　　　　　　B

(1) **A**の火山と**B**の火山のうち，どちらのほうがマグマのねばりけが弱いか。

[　　　　　]

(2) **A**，**B**の火山が噴火して，火口から同じ量の火山噴出物がふき出したと想定したとき，より遠くまで火山弾や火山れきが飛ぶと考えられるのはどちらか。

[　　　　　]

(3) **B**のような形の火山には，どのようなものがあるか。次の**ア～エ**から選び，記号で答えよ。

[　　　　　]

ア　富士山　　イ　昭和新山　　ウ　キラウエア　　エ　雲仙普賢岳

(4) 火山の噴火によって起こる現象として当てはまらないものを，次の**ア～エ**から選び，記号で答えよ。

[　　　　　]

ア　液状化現象　　イ　噴石　　ウ　火砕流　　エ　溶岩流

実力アップ問題

1 右の図は，花こう岩(A)と安山岩(B)を観察し
たときのスケッチである。次の問いに答えなさ
い。 《(1)~(6)(8)2点×11，(7)4点，(9)3点》

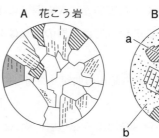

A 花こう岩

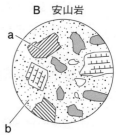

B 安山岩

(1) 花こう岩や安山岩のように，マグマが冷え固
まってできた岩石を何というか。

(2) 安山岩に見られるa，bのような部分をそれ
ぞれ何というか。

(3) a，bの部分は，どちらが先にできたと考えられるか。記号で答えよ。

(4) A，Bのような岩石のつくりを，それぞれ何組織というか。

(5) 次の①，②のような岩石は，それぞれA，Bのどちらか。記号で答えよ。

　① マグマがゆっくり冷え固まってできた岩石

　② 地表または地表付近でできた岩石

(6) A，Bは，それぞれ何という岩石の一種か。次のア～オからそれぞれ選び，記号で答えよ。
　ア 流紋岩　　　　イ 火山岩　　　ウ 閃緑岩　　　エ 玄武岩　　　オ 深成岩

(7) 花こう岩と安山岩を肉眼で見ると，花こう岩のほうが白っぽく見えた。その理由を簡単に説
明せよ。

(8) 花こう岩のもとになったマグマは，安山岩のもとになったマグマにくらべて，ねばりけが強
いか，弱いか。

(9) マグマのねばりけが強いと，噴火のようすと火山の形はどのようになるか。次のア～エから
選び，記号で答えよ。

　ア 噴火はおだやかで，傾斜がゆるやかな形の火山になる。

　イ 噴火はおだやかで，ドーム状の形の火山になる。

　ウ 噴火は激しく，傾斜がゆるやかな形の火山になる。

　エ 噴火は激しく，ドーム状の形の火山になる。

(1)		(2) a	b	(3)	
(4) A	B	(5) ①	②	(6) A	B
(7)					
(8)	(9)				

2 図1のX，Y，Zの3地点で，ある地震のゆれを記録したところ，図2のようになった。図2では，小さなゆれが始まった時刻を○で，大きなゆれが始まった時刻を●で示している。あとの問いに答えなさい。　　　　　〈(1)・(2)・(6)2点×4，(3)・(4)・(7)・(8)3点×4，(5)4点〉

図1

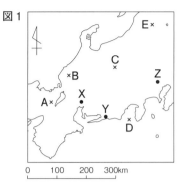

図2

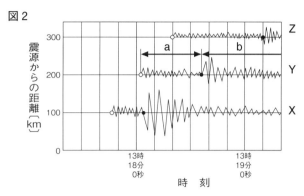

(1) 図2のa，bのゆれをそれぞれ何というか。

(2) P波によって伝わるゆれは，図2のa，bのどちらか。記号で答えよ。

(3) S波の伝わる速さは，何km/sか。小数第1位を四捨五入して求めよ。

(4) この地震が発生した時刻は，何時何分何秒か。次のア～エから選び，記号で答えよ。

　　ア　13時17分20秒　　イ　13時17分30秒　　ウ　13時17分40秒　　エ　13時17分50秒

(5) 図3に，震源からの距離とaのゆれが続く時間との関係をかけ。

図3

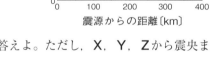

(6) ある地点で記録されたこの地震のゆれは，aのゆれが続く時間が25秒であった。この地点は震源から約何km離れていると考えられるか。次のア～エから選び，記号で答えよ。

　　ア　75km　　　　　イ　100km

　　ウ　150km　　　　エ　180km

(7) この地震の震央を，図1のA～Eから選び，記号で答えよ。ただし，X，Y，Zから震央までと震源までの距離はほぼ等しいものとする。

(8) 地震の大きさを表す震度とマグニチュードについての説明として正しいものを，次のア～エからすべて選び，記号で答えよ。

　　ア　震度は，震源から遠くなれば小さくなる。

　　イ　マグニチュードは，震源から遠くなれば小さくなる。

　　ウ　震度は，震源からの距離とは関係がない。

　　エ　マグニチュードは，震源からの距離とは関係がない。

(1)	a		b		(2)		(3)		(4)	
(5)	図3中にかき入れよ。		(6)		(7)		(8)			

3 図1の地形図中のP，Q，Rの地点の地層（ちそう）は図2のようになっている。この地域の地層は，一定の方角に傾いているものとして，あとの問いに答えなさい。 〈(1)～(5)2点×9，(6)～(8)3点×3〉

図1
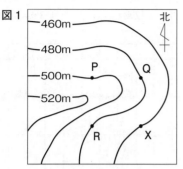

図2
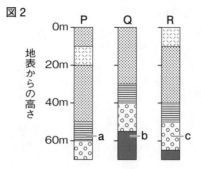

岩石の種類
砂岩（さがん）
凝灰岩（ぎょうかいがん）
泥岩（でいがん）
れき岩
石灰岩（せっかいがん）

(1) 図2のように，地層の重なりを柱のように表した図を何というか。

(2) 図2の5つの堆積岩（たいせきがん）の特徴の説明で正しいものを，次のア～オからそれぞれ選び，記号で答えよ。

ア おもな成分は炭酸カルシウムで，うすい塩酸をかけると二酸化炭素が発生する。

イ 火山灰（かざんばい）や軽石（かるいし）などの，火山噴出物（かざんふんしゅつぶつ）が固まってできている。

ウ 直径が0.06mm以下の岩石や鉱物（こうぶつ）の破片が堆積し，固まってできている。

エ 直径が0.06mm～2mmの岩石や鉱物の破片が堆積し，固まってできている。

オ 直径が2mm以上の岩石や鉱物の破片が堆積し，固まってできている。

(3) 砂岩の層ができたときと泥岩の層ができたときとでは，より海が深かったと考えられるのは，どちらの層ができたときか。

(4) 図2のP，Q，Rの地点のどの泥岩の層からも，サンヨウチュウの化石が発見された。この層ができたと考えられる地質年代を書け。

(5) サンヨウチュウの化石のように，その層ができた時代を特定する手がかりになる化石を何というか。

(6) 図2のa～cの層を，堆積した時代が古いと考えられるものから順に並べるとどうなるか。記号で答えよ。

(7) この地域の地層の傾きは，どの方角に向かって低くなっていると考えることができるか。次のア～エから選び，記号で答えよ。

ア 東　　**イ** 西　　**ウ** 南　　**エ** 北

(8) 図中のX地点でボーリング調査を行ったとすると，地表から深さ25mのところに見られる岩石は何であると考えられるか。

(1)		(2) 砂岩	凝灰岩	泥岩	れき岩	石灰岩
(3)		(4)	(5)		(6)	
(7)	(8)					

4 右の図は，日本から太平洋にかけてのプレートを模式的に示したものである。次の問いに答えなさい。 〈2点×10〉

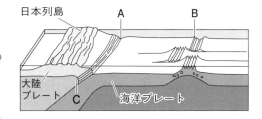

(1) 図中の**A**のような，海底深くの溝（みぞ）のようになっている部分を何というか。

(2) 図中の**B**のような，海底にそびえる大きな山脈（さんみゃく）を何というか。

(3) 図中の**A**，**B**の場所で起きていることを，次の**ア**〜**エ**からそれぞれ選び，記号で答えよ。

　　ア 海洋プレートが誕生している。

　　イ 海洋プレートが大陸プレートの下から出てきている。

　　ウ 海洋プレートが大陸プレートの下にもぐりこんでいる。

　　エ 大陸プレートが海洋プレートの下にもぐりこんでいる。

(4) 図中の**C**の付近についての説明で正しいものを，次の**ア**〜**エ**からすべて選び，記号で答えよ。

　　ア 大きな地震（じしん）の震源（しんげん）になることがある。　　**イ** 海底が急に隆起（りゅうき）することがある。

　　ウ 常に海底が隆起し続けている。　　　　　　　　　　　**エ** 火山活動が活発である。

(5) 日本付近では，いくつのプレートがぶつかっているか。

(6) (5)のプレートのうち，海洋プレートの名前をすべて書け。

(7) プレートが動いてぶつかっている場所などでは，地層（ちそう）にさまざまな力が加わって，下の図の**X**〜**Z**のように地層が大きく変形することがある。これについて，あとの①〜③の問いに答えよ。

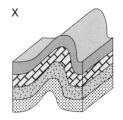
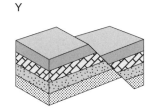
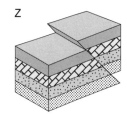

① **X**のように，地層が波打つように曲げられたものを何というか。

② **Y**や**Z**のように，地層がずれてくいちがったものを何というか。

③ 地層に対して，横からおす向きの力が加わってできたものを，**X**〜**Z**からすべて選び，記号で答えよ。

(1)		(2)		(3)	A	B	(4)	
(5)		(6)						
(7)	①		②		③			

□ 編集協力　㈱プラウ21(多田沙菜絵・井澤優佳)　惠下育代　平松元子
□ 本文デザイン　小川純(オガワデザイン)　南彩乃(細山田デザイン事務所)
□ 図版作成　㈱プラウ21　甲斐美奈子

シグマベスト
**実力アップ問題集
中1理科**

本書の内容を無断で複写(コピー)・複製・転載することを禁じます。また，私的使用であっても，第三者に依頼して電子的に複製すること(スキャンやデジタル化等)は，著作権法上，認められていません。

編　者　文英堂編集部
発行者　益井英郎
印刷所　中村印刷株式会社
発行所　株式会社文英堂
　　　　〒601-8121　京都市南区上鳥羽大物町28
　　　　〒162-0832　東京都新宿区岩戸町17
　　　　(代表)03-3269-4231

実力アップ問題集

EXERCISE BOOK | SCIENCE

解答・解説

中1理科

文英堂

1章 いろいろな生物とその共通点

❶ 身近な生物の観察と分類のしかた

1 (1) A…ルーペ　B…双眼実体顕微鏡
(2) B　(3) ウ　(4) ウ

定期テスト対策
❶ルーペで観察するときには，ルーペと目を近づけたままにする。

2 (1) D　(2) C，D　(3) A，B

解説 植物の種類によって育ちやすい場所があり，そのおもな特徴は，日当たりと湿り気である。

3 (1) A…接眼レンズ　B…鏡筒
　　　C…対物レンズ　D…ステージ
　　　E…反射鏡　　　F…調節ねじ
(2) ① E　② F　(3) はしからゆっくりと
(4) ① 近づけ　② 遠ざける

解説 (3) 空気のあわが入ると，観察しにくくなる。
(4) 対物レンズとプレパラートを近づける操作は，必ず横から見ながら行う。接眼レンズをのぞきながらこの操作を行うと，対物レンズとプレパラートが接触して，カバーガラスが割れるなどの危険がある。

定期テスト対策
❶顕微鏡の使い方
①対物レンズを最も低倍率にする。
②反射鏡としぼりで視野全体を明るくする。
③プレパラートをステージにのせ，クリップで固定する。
④真横から見ながら，対物レンズとプレパラートをできるだけ近づける。
⑤対物レンズとプレパラートをゆっくり遠ざけながら，ピントを合わせる。

4 (1) A，D　(2) B，C，E

解説 ゾウリムシ（A）やミジンコ（D）は活発に水の中を泳ぐ。ミカヅキモ（B）やアオミドロ（C），ハネケイソウ（E）は緑色で，自分では動かない。

1 (1) イ　(2) かげがついている点。

解説 (2) スケッチをするときには，かげをつけたり線を重ねてかいたりせず，細い線で細部まではっきりと正確にかくようにする。

2 (1) a…5　b…18　(2) ア，エ

解説 (1) Cは図中に1か所，Dは図中に3か所ある。
(2) ア：タンポポは，B，C，Dにも生えているが，Aでの数が最も多いので，「Aには，タンポポがよく見られる。」といえる。
エ：Dではタンポポは3，ドクダミは18（＝b）なので，「Dには，タンポポよりドクダミのほうがよく見られる。」といえる。

3 (1) 直射日光の当たらない，明るい平らな場所。
(2) ① A　② B
(3) イ→エ→ア→ウ
(4) 反射鏡，しぼり
(5) ① 100倍　② 600倍　　(6) エ
(7) X…オ　Y…ウ　　(8) 左上

解説 (2) レンズのとりつけは，接眼レンズ，対物レンズの順に行い，鏡筒の中にほこりが入らないようにする。はずすときは，逆の順序で行う。
(3) 対物レンズとプレパラートは，横から見ながら近づけてから，接眼レンズをのぞきながら遠ざけてピントを合わせる。接眼レンズをのぞきながら対物レンズとプレパラートを近づけると，カバーガラスが割れるなどの危険がある。
(4) 反射鏡で視野の明るさを均一にし，しぼりで対物レンズに入る光の量を調節する。
(5) 顕微鏡で観察するときの倍率は，
　接眼レンズの倍率×対物レンズの倍率
① 10×10＝100〔倍〕
② 15×40＝600〔倍〕
(6) 顕微鏡の倍率が高くなるほど，より拡大して見えるので，見える範囲はせまくなる。また，見える範囲がせまくなるので，入ってくる光の量も少なくなり，視野は暗くなる。
(8) 上下左右が逆向きに見えるので，プレパラートを左上に動かせば，観察するものが右下に動く。

❷ 植物のからだの共通点と相違点

1 (1) A…カ　B…ウ　C…エ　D…イ
　　　E…ア　F…オ
　(2) ① D　② F

定期テスト対策
- 被子植物の花には，めしべ・おしべ・花弁・がくがある。
- めしべには，子房の中に胚珠がある。
- 受粉後，子房は果実になり，その中の胚珠は種子になる。
---

2 (1) A…平行脈　B…網状脈
　(2) a…ひげ根　b…主根　c…側根
　(3) A…単子葉類　B…双子葉類
　(4) X…合弁花類　Y…離弁花類

定期テスト対策
- 双子葉類の特徴…子葉が2枚。葉脈は網状脈。根は主根と側根。
　（アサガオ，ツツジ，アブラナ，サクラなど）
- 単子葉類の特徴…子葉が1枚。葉脈は平行脈。根はひげ根。
　（イネ，ユリ，ツユクサ，チューリップなど）
---

3 (1) A…エ　B…ア　C…ウ
　(2) ① ア，ウ　② イ，オ　③ エ

定期テスト対策
- 種子植物のなかまわけ

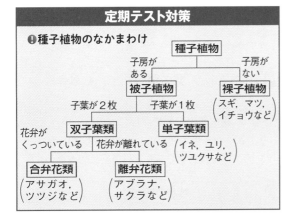

---

4 (1) A…ア，エ　　B…イ，エ
　(2) A…シダ植物　B…コケ植物
　(3) 胞子　(4) 胞子のう

解説　Aはシダ植物のイヌワラビ，Bはコケ植物のゼニゴケを示している。

(1)(2) コケ植物のからだは根・茎・葉の区別がない。根のように見える部分は仮根とよばれ，からだを固定する役目をしている。

---

1 (1) D　(2) A…種子　B…果実
　(3) a　(4) H…A　I…C　(5) イ，オ
　(6) 裸子植物

解説　Aは胚珠，Bは子房，Cはやく，Dは柱頭，Eはおしべ，Fは花弁，Gはがくを示している。
(5)(6) 裸子植物の花には，雌花と雄花があり，子房がなく胚珠がむきだしである。サクラ，アサガオ，ユリは被子植物で，マツ，ソテツ，イチョウは裸子植物である。被子植物の花は色鮮やかなものが多く，裸子植物の花は，目立たないものが多い。

---

2 (1) A…網状脈　B…平行脈　(2) 図2
　(3) ひげ根　(4) 図3

解説　ツユクサの葉脈は，平行脈で，根はひげ根である。また，アジサイの葉脈は網状脈で，根は主根と側根からなる。

---

3 (1) A…葉　B…茎　C…根
　(2) ① 胞子　② 胞子のう

解説　(1) イヌワラビは地下に茎(地下茎)があり，地上に出ているのは，柄が長くなっている葉である。
(2) 葉の裏側には，胞子が入った胞子のうが多数でき，熟すとはじけて胞子が飛び出す。

---

4 (1) ウ，オ　(2) 種子植物　(3) カ
　(4) エ　(5) 被子植物　(6) イ　(7) 双子葉類
　(8) ア　(9) G…離弁花類　H…合弁花類

解説　(1)(2)(3) Aは種子をつくる(花をさかせる)植物，Bは種子をつくらない植物，Xはシダ植物，Yはコケ植物である。シダ植物(X)には根・茎・葉の区別があるので，根・茎・葉の区別があるかないか，という基準は，AとBではなく，XとYをわける基準である。
(8)(9) タンポポは，小さな花がたくさん集まって大きな花のようになっている。タンポポのそれぞれの花では，5枚の花弁がくっついて1つになっている。

❸ 動物のからだの共通点と相違点

1　① 魚類　② 鳥類　③ 卵生　④ 胎生
　　⑤ 陸上　⑥ 陸上　⑦ えら　⑧ 肺

解説　⑥⑦⑧ えらは水中で呼吸をするための器官で,肺は陸上(空気中)で呼吸をするための器官である。

定期テスト対策

❶親がうんだ卵から子がかえる子のふやし方を卵生という。→魚類, 両生類, は虫類, 鳥類
❶卵をうまず, 母体内である程度子が育ってからうまれる子のふやし方を胎生という。→哺乳類

2　(1) 脊椎動物　(2) C, D
　　(3) A…魚類　B…両生類　C…は虫類
　　　　D…鳥類　E…哺乳類

解説　(2) 殻のある卵をうむのはは虫類と鳥類である。

3　(1) a…イ　b…ウ　c…ア
　　(2) A…a　B…b, c　(3) A

解説　門歯(b)は前歯ともよばれ, 先がのみのようにうすい。臼歯(c)は奥歯ともよばれ, 臼のように平たい。犬歯(a)は門歯と臼歯の間の歯で, 肉食動物では発達していて, きばとよばれる。

4　(1) 背骨[脊椎骨]　(2) A…イ　B…ウ
　　(3) A…節足動物　B…軟体動物
　　(4) ① イ　② ア

定期テスト対策

❶無脊椎動物(背骨がない動物)のなかま
①節足動物…外骨格をもち, からだやあしに節がある。甲殻類(ザリガニ, エビ, カニ)や昆虫類(バッタ, カブトムシ)など。
②軟体動物…外とう膜で内臓が包まれ, からだやあしに節がない。イカ, タコ, 貝など。

1　(1) 脊椎動物　(2) D
　　(3) A…うろこ　B…羽毛
　　(4) 胎生　(5) C

解説　Aはは虫類, Bは鳥類, Cは哺乳類, Dは両生類, Eは魚類である。
(2) 両生類の子は水中でえら呼吸をして生活し, 親は陸上で肺と皮ふで呼吸して生活する。
(4)(5) 母体内で子がある程度育ってからうまれるうまれ方を胎生という。胎生で子がうまれる脊椎動物は哺乳類のみである。

2　(1) 卵生　(2) A, B　(3) ウ　(4) イ
　　(5) 魚類　(6) 哺乳類　(7) D, E

解説　Aは魚類, Bは両生類, Cはは虫類, Dは鳥類, Eは哺乳類である。
(3)(4) 魚類と両生類の卵には殻がなく, 水中でないとひからびてしまう。は虫類と鳥類の卵には殻があり, 陸上の乾燥にたえられるようになっている。
(7) 鳥類では, 親が卵をあたためることによって, 子がかえる。さらに, しばらくの間は, 親が子に食物をあたえるものが多い。哺乳類では, 子がうまれてしばらくの間は, 雌の親が乳をあたえる。

3　(1) ライオン
　　(2) えものを追いかけて捕まえるのに適している。
　　(3) 広くなっている。
　　(4) 敵が近づいてきたことに気づきやすい。

解説　(1) 両目でものを見ると, 立体的に見える。
(2) えものが立体的に見えると, えものとの距離感がつかみやすく, えものを捕まえるのに適している。

4　(1) ある。　(2) 昆虫類　(3) イ　(4) 外骨格
　　(5) ア, イ, ウ, オ

解説　(3) 昆虫類の胸部や腹部には気門という穴があり, ここから空気をとり入れて呼吸している。
(5) カメは脊椎動物であり, 外骨格はもたない。

5　(1) えら　(2) 外とう膜　(3) ア, ウ, オ

解説　(1) 水中で生活する生物のうち, 多くはえらで呼吸する。
(3) カニは節足動物の甲殻類, フナは魚類である。

1 (1) A…やく　B…柱頭　C…胚珠
　　D…子房　(2) ① B　② C　③ D
　(3) B，D　(4) 被子植物

2 (1) A…胞子のう　B…胞子
　(2) ア　(3) イ，オ　(4) シダ植物

3 (1) A，B，C，D　(2) 胞子
　(3) D　(4) ア，イ，エ
　(5) X…種子植物　Y…被子植物
　　Z…双子葉類
　(6) 根・茎・葉の区別がない。　(7) エ

4 (1) 両生類…B　鳥類…D
　(2) ① 肺　② 胎生　(3) ア
　(4) C，D

5 (1) C　(2) ① A，C　② B　③ B，C
　(3) 節足動物　(4) 軟体動物

6 (1) 背骨があるかないか。
　(2) 無脊椎動物
　(3) F…昆虫類　M…魚類　(4) 卵生
　(5) ア，エ
　(6) ① トカゲ　② アサリ　③ ウシ
　　④ ハト　　⑤ ウシ

解説 1 アブラナなど，胚珠が子房の中にある植物を被子植物という。マツやイチョウなど，胚珠がむき出しになっていて，子房がない植物を裸子植物という。裸子植物の花には柱頭もなく，受粉するときには花粉が直接胚珠につく。

2 (1)(2)(4) イヌワラビはシダ植物のなかまで，種子ではなく胞子のうでつくられる胞子によってふえる。シダ植物には，種子植物と同じように根・茎・葉の区別がある。

(3) シダ植物にふくまれるのは，イヌワラビ，スギナ，ゼンマイ，ヘゴ，ベニシダ，ノキシノブなどである。ちなみに，スギナでは，春になると胞子のうをつけた茎が地下茎から地上にのび，この部分がツクシとよばれている。

3 Aは合弁花類，Bは離弁花類，Cは単子葉類，Dは裸子植物，Eはシダ植物，Fはコケ植物である。
(1)(2) シダ植物とコケ植物は，胞子によってふえる。
(3) 胚珠があるのは種子植物に共通する特徴である。種子植物はさらに，子房がない裸子植物と，胚珠が

子房の中にある被子植物にわけられる。

(4)(5) Xは種子植物，Yは被子植物，Zは双子葉類である。双子葉類は被子植物のなかまにふくまれ，胚珠は子房の中にある。また，双子葉類は，芽ばえの子葉の枚数が2枚であり，根が主根と側根からなる。葉脈は網の目のように広がった網状脈である。

4 Aは魚類，Bは両生類，Cはは虫類，Dは鳥類，Eは哺乳類のなかまである。
(3) は虫類にはトカゲ，ヘビなどがふくまれ，体表はうろこでおおわれている。
(4) 魚類と両生類は水中に殻のない卵をうみ，は虫類と鳥類は陸上に殻のある卵をうむ。殻のない卵は乾燥に弱いが，殻のある卵は乾燥に強い。

5 無脊椎動物のなかまには，バッタやザリガニのようにからだがかたい殻(外骨格)でおおわれているもの(節足動物)や，イカのように内臓がコートのような膜(外とう膜)でおおわれているもの(軟体動物)などがある。
(1) 節足動物は，バッタなどをふくむ昆虫類と，ザリガニなどをふくむ甲殻類などにわけられる。
(2)③ 水中で生活する動物の多くは，えらで呼吸する。昆虫類は，陸上で生活するものが多く，胸部や腹部にある気門から空気を出し入れして呼吸する。

6 アサリは軟体動物，エビは甲殻類，チョウは昆虫類，フナは魚類，イモリは両生類，トカゲはは虫類，ハトは鳥類，ウシは哺乳類のなかまである。
(4) Gのグループにふくまれるのは，魚類，両生類，は虫類，鳥類で，子のふやし方は，親が卵をうんで卵から子がかえる卵生である。
(5) Iのグループにふくまれるのは魚類，両生類であり，どちらも水中に殻のない卵をうむ。魚類は一生えら呼吸をし，両生類は子がえら呼吸をする。また，魚類の体表はうろこでおおわれているが，両生類の体表は湿っていてうろこはない。
(6) タニシは池や沼にすむ貝のなかまである。クジラは水中で生活する哺乳類である。ペンギンは陸上で生活し，水中で魚類などを捕まえて食べる鳥類である。コウモリは空を飛ぶ哺乳類である。

5

2章 身のまわりの物質

① 物質の性質

p.28〜29 **基礎問題の答え**

① (1) A…金属　B…金属　C…非金属
(2) ア，エ

解説 金属には，①みがくとかがやく(金属光沢)，②引っ張るとのびる(延性)，たたくと広がる(展性)，③電流が流れやすい，④熱が伝わりやすい，という性質がある。鉄など一部の金属は磁石につくが，金属がみな磁石につくとはかぎらない。

② (1) 二酸化炭素　(2) 有機物

解説 集気びんの中に二酸化炭素があると，石灰水が白くにごる。ろうそくを燃やしたときに，二酸化炭素が発生するのは，有機物に炭素がふくまれているからである。

③ (1) 鉄…**7.87 g/cm³**　アルミニウム…**2.70 g/cm³**
(2) 鉄…沈む。　アルミニウム…沈む。

解説 (1) 鉄の密度は，$\frac{78.7}{10} = 7.87 \,\text{g/cm}^3$

アルミニウムの密度は $\frac{40.5}{15} = 2.70 \,\text{g/cm}^3$

(2) 密度が水(**1.0 g/cm³**)より小さいとその物質は水に浮き，大きいと沈む。

定期テスト対策

❶物質の密度〔g/cm³〕 = $\dfrac{物質の質量〔g〕}{物質の体積〔cm^3〕}$

④ (1) A…水上置換法　B…下方置換法
C…上方置換法
(2) ① B　② C　③ A

定期テスト対策

❶水上置換法は，水に溶けにくい気体を集める方法。
❶下方置換法は，水に溶けやすく，空気より密度が大きい気体を集める方法。
❶上方置換法は，水に溶けやすく，空気より密度が小さい気体を集める方法。

⑤ (1) 線香が激しく燃えた。　(2) 酸素
(3) イ，エ

定期テスト対策

❶二酸化マンガン＋うすい過酸化水素水→酸素
❶酸素にはものを燃やすはたらき(助燃性)がある。酸素は水に溶けにくく，空気よりも密度が大きい気体である。

p.30〜31 **標準問題1の答え**

① (1) 鉄くぎ，アルミニウムはく
(2) ア，ウ　(3) 金属

解説 (1) 金属は電流を流す。
(2)(3) 金属は熱を伝えやすい。また，すべての金属が磁石につくとはかぎらない。

② (1) エ→イ→ウ→ア
(2) ① ガス調節ねじ　② 空気調節ねじ
③ 青　(3) 炭素　(4) 有機物　(5) イ，エ

解説 (1) ガスバーナーに火をつけるときは，元栓とコックを開けてからマッチの火を近づけて，ガス調節ねじをゆるめてガスを出す。
(2) 炎の大きさはガス調節ねじで，炎の色は空気調節ねじで調節する。
(3)(4) 有機物には炭素がふくまれているので，燃えると二酸化炭素が発生する。

③ (1) ウ　(2) B
(3) X…**9.5 cm³**　Y…**14.0 cm³**
(4) X…**1.4 g/cm³**　Y…**2.7 g/cm³**

解説 (1) 薬包紙は，上皿てんびんの両方の皿に置く。
(3) 液面の最も低い平らな位置を，最小目盛りの $\frac{1}{10}$ まで目分量で読みとる。
(4) 物質Xの密度は，$\frac{13.1}{9.5} = 1.37\cdots ≒ 1.4 \,\text{g/cm}^3$

物質Yの密度は，$\frac{37.9}{14.0} = 2.70\cdots ≒ 2.7 \,\text{g/cm}^3$

④ (1) 銀　(2) **394 g**
(3) **37 cm³**　(4) 金

解説 (1) 密度は，$\frac{82.9}{7.9} = 10.49\cdots ≒ 10.5 \,\text{g/cm}^3$
(2) 鉄の質量は，$7.87 \times 50 = 393.5 ≒ 394 \,\text{g}$
(3) アルミニウムの体積は，$\frac{100}{2.70} = 37.0\cdots ≒ 37 \,\text{cm}^3$
(4) 密度が液体より大きい物質は，その液体に沈む。

1 (1) 下方置換法　(2) 白くにごる。
(3) 二酸化炭素　(4) イ，エ

解説 (4) 二酸化炭素には色もにおいもなく，酸素のようにものを燃やすはたらきもない。ドライアイスは二酸化炭素の固体で，とけて液体にならずに気体になるため，ものをぬらさずに冷やせる。

定期テスト対策
●石灰石＋うすい塩酸→二酸化炭素
●二酸化炭素は，石灰水を白くにごらせる。二酸化炭素は水に少し溶け，空気より密度が大きい気体である。

2 (1) ウ　(2) 水上置換法
(3) 水に溶けにくい性質
(4) はじめは，試験管に入っていた空気が出てくるから。　(5) エ

解説 (1) 水素は，鉄や亜鉛などにうすい塩酸を加えると発生する。
(4) 発生した気体を水上置換法で集めるときには，はじめに装置内の空気がおし出されて出てくるので，はじめに出てくる気体は使わない。

3 (1) ウ　(2) (加熱部分に水が流れて)試験管が割れないようにするため。
(3) 上方置換法
(4) 水によく溶ける性質
(5) アンモニアの水溶液がアルカリ性だから。

解説 (1) アンモニアは，塩化アンモニウムと水酸化カルシウムを混ぜて加熱したり，アンモニア水を加熱したりすると発生する。
(5) フェノールフタレイン溶液は，酸性や中性では無色で，アルカリ性では赤色になる。

4 (1) C，D，E，F　(2) E
(3) A，C，D，E，F　(4) E　(5) F
(6) B　(7) A

解説 (1)(2)(3) 有毒な気体は，においがあるものが多い。ただし，一酸化炭素(A)にはにおいがない。また，塩素は黄緑色の気体である。
(4) 塩素には，殺菌作用のほか，漂白作用もある。
(6) 窒素は，ふつうの温度では他の物質と結びつきにくく，変化しにくいので，食品の変質防止に利用される。

❷ 水溶液

1 (1) 溶質　(2) 溶媒　(3) エ

解説 (3) コーヒーシュガーを水に入れると，水がコーヒーシュガーの粒子と粒子の間に入りこみ，粒子がバラバラになって，水の中に一様に広がっていく。

2 (1) B　(2) A…10%　B…20%　C…5%
(3) ① 食塩…20g　水…180g
② 食塩…22.5g　水…127.5g　(4) 120g

解説 (1) できる水溶液の質量が同じならば，溶質の質量が多いほうが濃い。溶質の質量が同じならば，できる水溶液の質量が少ないほうが濃い。

(2) Aは，$\frac{10}{10+90} \times 100 = 10$ より　10%

Bは，$\frac{20}{20+80} \times 100 = 20$ より　20%

Cは，$\frac{10}{10+190} \times 100 = 5$ より　5%

(3) 食塩をx〔g〕とすると，

① $\frac{x}{200} \times 100 = 10$　　$x = 20$g

水の質量は，$200 - 20 = 180$

② $\frac{x}{150} \times 100 = 15$　　$x = 22.5$g

水の質量は，$150 - 22.5 = 127.5$

(4) 質量パーセント濃度の式から，

$$溶液の質量 \times \frac{質量パーセント濃度}{100} = 溶質の質量$$

であるから，つくる食塩水をy〔g〕とすると，

$$y \times \frac{20}{100} = 30　　y = 150g$$

必要な水の質量は，$150 - 30 = 120$

定期テスト対策
●質量パーセント濃度〔%〕

$$= \frac{溶質の質量〔g〕}{溶液の質量〔g〕} \times 100$$

$$= \frac{溶質の質量〔g〕}{溶媒の質量〔g〕+溶質の質量〔g〕} \times 100$$

3 (1) 硫酸銅　(2) ホウ酸，ミョウバン　(3) イ

解説 (1) グラフより，60℃での溶解度は，ホウ酸が約15g，塩化ナトリウムが約37g，ミョウバンが約58g，硫酸銅が約80gである。
(2) グラフより，20℃の水100gに溶ける質量(溶解

度)は，ホウ酸が約5g，ミョウバンが約12g，塩化ナトリウムが約36g，硫酸銅が約36gである。そのため，ホウ酸とミョウバンでは20gは溶けきらない。

(3) グラフより，40℃の水100gに溶ける硫酸銅の質量（溶解度）は約53gであるから，40g溶かしたときには，さらに約13g溶ける。

4 (1) **58.4g** (2) **105.1g** (3) **再結晶** (4) **ウ**

解説 (1) 表より，20℃での溶解度は31.6gであるから，結晶としてとり出せる溶質は，

$$90.0 - 31.6 = 58.4g$$

(2) 表より，80℃での飽和水溶液には169gの硝酸カリウムが溶けていて，40℃での溶解度は63.9gであるから，結晶としてとり出せる溶質は，

$$169 - 63.9 = 105.1g$$

(4) ガラス棒の先は，破れやすいろ紙の中央にはあてずに，ろ紙が重なっているところにななめにあてる。

p.38～39 標準問題の答え

1 (1) A…いえる。 B…いえない。
(2) **ア，エ**

解説 (2) 炭酸水には気体である二酸化炭素が溶けているので，水を蒸発させると何も残らない。また，牛乳はずっと置いておいても沈むものがないが，不透明なので水溶液とはいえない。

2 (1) **7%** (2) ① **27%** ② **24%**

解説 (1) 20%の硝酸カリウム水溶液50g中の溶質は，

$$50 \times \frac{20}{100} = 10g$$

これに水100gを加えると，質量パーセント濃度は，

$$\frac{10}{50 + 100} \times 100 = 6.6\cdots ≒ 7 \text{より} \quad 7\%$$

(2) 20%の硝酸カリウム水溶液200g中の溶質は，

$$200 \times \frac{20}{100} = 40g$$

①では，**溶質の量は変化せず，溶液の量が減る。**

$$\frac{40}{200 - 50} \times 100 = 26.6\cdots ≒ 27 \text{より} \quad 27\%$$

②では，**溶質の量がふえるので，溶液の量もふえる。**

$$\frac{40 + 10}{200 + 10} \times 100 = 23.8\cdots ≒ 24 \text{より} \quad 24\%$$

3 (1) A…ウ B…イ (2) A…ウ B…ア
(3) **温度による変化が食塩では小さく，硝酸カリウムでは大きいから。**
(4) **ウ** (5) **結晶**

解説 (1)(2)(3) 食塩の溶解度は温度による変化が小さいので，溶け残りのようすは温度によってあまり変わらない。**硝酸カリウムの溶解度は温度による変化が大きいので，**温度が上がると溶ける量がふえて溶け残りが減り，温度が下がると溶け残りがふえる。

(4) 液は**ガラス棒を伝わらせて静かに注ぎ，ろうとのあしはビーカーの内壁につける。**

4 (1) **A** (2) **エ** (3) **ウ** (4) **ウ**

解説 (1) 温度による溶解度の変化が大きいほうが硝酸カリウム（A），変化が小さいほうが塩化ナトリウム（B）の溶解度曲線である。なお，**塩化ナトリウムは食塩の主成分。**

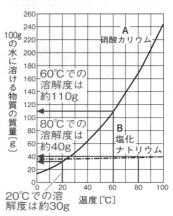

(2) グラフより，A（硝酸カリウム）の60℃での溶解度は約110gなので，水200gにAが溶けた飽和水溶液には，約220gのAが溶けている。Aの20℃での溶解度は約30gなので，水200gに溶けるAの最大量は約60gである。したがって，結晶として出てくるAの質量は，220 − 60 = 160g

(3) グラフより，B（塩化ナトリウム）の80℃での溶解度は約40gなので，水100gにBが約40g溶けると飽和する。したがって，80℃の飽和水溶液100gに溶けているBの質量は，

$$100 \times \frac{40}{100 + 40} = 28.5\cdots ≒ 29 \text{より} \quad 29g$$

であり，水を蒸発させるとこれがとり出せる。

(4) 温度による溶解度の変化が，Aでは**大きく**，Bでは**小さい**ことを利用する。少量のBが混ざったAを，80℃で溶けるだけ溶かし，このろ液の温度を下げれば，**溶解度の差の大きいAが結晶（固体）となって出てくる**ので，これをろ過して集めればよい。

❸ 状態変化

p.42～43 **基礎問題の答え**

1 (1) 状態変化 (2) ウ (3) ウ

定期テスト対策

●物質が温度によって固体・液体・気体と状態を変えることを**状態変化**という。
●状態変化では，物質の粒子の動きが変化するため，体積が変化するが，粒子の数は変わらないので，**質量は変化しない**。
●物質が状態変化したときの体積は，水以外の物質では，**固体＜液体＜気体**となる。

---

2 (1) 気体 (2) イ

解説 (1) エタノールは通常の気温では液体だが，78℃以上になると気体に状態変化する。エタノールが液体から気体になると，体積は約490倍になる。
(2) 状態変化によって変化するのは物質の粒子の動きであり，**粒子の大きさや数は変化しない**。

3 (1) A…融点 B…沸点
(2) A…0℃ B…100℃ (3) a…エ b…イ

解説 (2) 水の融点は0℃であり，水の沸点は100℃である。

定期テスト対策

●加熱により，固体が液体になるときの温度を融点という。固体が液体になる間，温度は融点で一定になり，固体と液体が混ざった状態になる。
●加熱により，液体が沸騰して気体になるときの温度を沸点という。沸騰している間，温度は沸点で一定になり，液体と気体が混ざった状態になる。

---

4 (1) 混合物 (2) 一定ではない。
(3) エタノール (4) 沸点 (5) 蒸留

解説 (2) 混合物では，沸点や融点は**一定ではない**。
(3)(4) エタノールの沸点(78℃)は水の沸点(100℃)**より低い**ため，エタノールを多くふくむ気体が先に出てくる。そのため，試験管Aに最初にたまる液体には，エタノールが多くふくまれている。この実験を長時間続けた場合には，しだいに水(水蒸気)の割合の多い気体が出てくるようになる。

p.44～45 **標準問題の答え**

1 (1) A…気体 B…固体 C…液体
(2) a, d, e
(3) ① f ② d ③ a

解説 (2) 物質の温度は，固体，液体，気体の順に高くなっている。
(3)① 液体の水から固体の氷への変化である。
② 水の表面では，温度に関係なく，液体から気体への変化(蒸発)がつねに起きている。
③ ドライアイスは，液体にならず直接気体の二酸化炭素になるので，ものをぬらさずに冷やすことができる。そのため，ドライアイスは保冷剤などに利用されている。

2 (1) エタノールは引火しやすいから。
(2) ウ (3) ウ
(4) 試験管Aにたまったエタノールが枝つき試験管に逆流するのを防ぐため。

解説 (2)(3) 温度が78℃で一定になっている10分以降，エタノールは液体から気体に変化(沸騰)している。
(4) ガスバーナーの火を消して加熱をやめると，枝つき試験管の内部の気体の温度が下がって体積が減る。このとき，試験管Aにたまったエタノールにガラス管の先がつかっていると，このエタノールが逆流してしまい，枝つき試験管が割れる危険がある。

3 (1) A…オ B…イ C…ア (2) ウ

解説 パルミチン酸を加熱して融点の63℃になると，固体から液体に状態変化する。
(1) 温度が一定でないAのときには固体だけ，Cのときには液体だけしかない。Bのときには，温度が一定の状態が終わる直前なので，状態変化が終わりかけていると考えられる。

4 (1) 急に沸騰(突沸)することを防ぐため。
(2) A…ウ B…イ
(3) ① 沸点 ② 100℃
③ エタノール ④ 水

解説 (1) 沸騰石を入れずに液体を加熱すると，液体が急に沸騰して外に飛び出すことがあり，危険である。
(2)(3) エタノールの沸点(78℃)付近の温度ではエタノールを多くふくむ気体，水の沸点(100℃)付近の温度では水を多くふくむ気体が出てくる。

1 (1) 密度　(2) ア，ウ，エ

(3) 氷

(4) **67.5g**　(5) **6.35cm³**

(6) ① **15.5cm³**　② **鉄**

2 (1) 水上置換法　(2) 水に溶けやすい性質

(3) 上方置換法，下方置換法

(4) はじめは，実験装置内の空気が出てくるから。

(5) X…ウ　Y…エ　(6) X…ウ　Y…イ

(7) X…二酸化炭素　Y…酸素

3 (1) 溶媒…水　溶質…硝酸カリウム

(2) **10%**　(3) **6.3%**　(4) **x…255　y…45**

(5) **26.1%**　(6) **13.3%**

4 (1) 飽和水溶液　(2) ホウ酸　(3) 硫酸銅

(4) ミョウバン，硫酸銅，ホウ酸，塩化ナトリウム　(5) 再結晶

5 (1) 水が急に沸騰（突沸）しないようにするため。　(2) A…ア　B…イ　C…ウ

(3) 融点　(4) 変わらない。

6 (1) 一定ではない。　(2) 蒸留　(3) 1本目

(4) 水よりエタノールのほうが，沸点が低いから。

解説 **1** (2) 金属のなかでも鉄は磁石につくが，アルミニウムや銅，銀などは磁石につかない。

(3) 水の密度は**1g/cm³**であり，密度が1g/cm³より小さい物質は水に浮く。

(4) 表より，アルミニウムの密度は2.70g/cm³であるから，25cm³の質量は，

2.70×25＝67.5g

(5) 表より，鉄の密度は7.87g/cm³であるから，50gの鉄の体積は，

$\frac{50}{7.87}=6.353\cdots \fallingdotseq 6.35$より　6.35cm³

(6)① 液面の最も低い平らな位置を，最小目盛りの$\frac{1}{10}$まで目分量で読みとる。液面が65.5を示し，水の量は50.0mL（＝50.0cm³）であるから，体積は，

65.5－50.0＝15.5cm³

② 物質Xの密度は，$\frac{122}{15.5}=7.87\cdots$g/cm³

2 (2)(3) 水に溶けやすく，空気より密度が大きい気体は下方置換法で集め，水に溶けやすく，空気より密度が小さい気体は上方置換法で集める。水に溶けにくい気体は水上置換法で集める。

(5)(6)(7) 石灰石にうすい塩酸を加えると二酸化炭素が発生し，二酸化マンガンにうすい過酸化水素水を加えると酸素が発生する。二酸化炭素は石灰水を白くにごらせる。酸素はものを燃やす性質があるので，酸素を集めた試験管に火のついた線香を入れると，線香が激しく燃える。

3 (2) 溶質は20g，溶液は200gであるから，

$\frac{20}{200}\times100=10$より　10%

(3) 100gの水溶液Aにふくまれている溶質は10gであり，溶液全体の質量は160gになるので，

$\frac{10}{160}\times100=6.25\fallingdotseq 6.3$より　6.3%

(4) 溶質y〔g〕を溶かしてつくった300gの水溶液の質量パーセント濃度が15%なので，

$\frac{y}{300}\times100=15$　　$y=45$g

$x=300-45=255$g

(5) 15%の水溶液B100gにふくまれている溶質は，

$100\times\frac{15}{100}=15$g

であるから，溶質を15g加えたときの質量パーセント濃度は，

$\frac{15+15}{100+15}\times100=26.08\cdots \fallingdotseq 26.1$より　26.1%

(6) 100gの水溶液Aにふくまれている溶質は10gであり，200gの水溶液Bにふくまれている溶質は，

$200\times\frac{15}{100}=30$g

であるから，100gの水溶液Aと200gの水溶液Bを混ぜ合わせたときの質量パーセント濃度は，

$\frac{10+30}{100+200}\times100=13.33\cdots \fallingdotseq 13.3$より　13.3%

4 (2) 図より，80℃の水100gに溶ける質量は，ホウ酸が23g，塩化ナトリウムが38g，ミョウバンと硫酸銅が80g以上であるから，30gが溶けきらずに溶け残りができるのは，ホウ酸である。

(3) 水20gに物質10gを溶かそうとしているので，**水100gに物質50gを溶かそうとしている**のと同じ状況であると考えられる。図より，温度を上げていったときに最も早く50gの溶質が溶けるようになるのは，硫酸銅である。

(4) 4種類の物質の，60℃での溶解度と20℃での溶

解度の差をそれぞれ求めてくらべればよい。

硫酸銅では，$80-36=44$ g

ミョウバンでは，$58-11=47$ g

塩化ナトリウムでは，$38-36=2$ g

ホウ酸では，$15-5=10$ g

⑤(1) 沸騰石には小さな穴がたくさんあいていて，液体から気体への状態変化が起こりやすくなる。沸騰石がない状態で液体を加熱すると，条件によっては，沸点になってもしばらく沸騰が起こらず，その後，突然急激に沸騰が起こって液体が容器からとび出ることがあるため，非常に危険である。

(2) パルミチン酸は**純物質**であり，室温では固体である。パルミチン酸を加熱していくと，約63℃で**温度が一定になって，固体から液体への状態変化**が起こる。状態変化をしている間は温度がほぼ一定で，状態変化が終わって液体だけになると，再び温度が上昇しはじめる。

(3)(4) 物質が固体から液体に変化するときの温度を**融点**といい，パルミチン酸では63℃である。**融点は物質によって決まっているもので，物質の量が変化しても変わらない。**同じ実験装置で2倍の量のパルミチン酸を加熱すると，融点は同じで，温度の変わり方がゆっくりになる。

⑥(1) 純物質が沸騰するときには，沸点で温度が一定になるが，**混合物**が沸騰するときには，**沸点は一定にはならない。**

(2)(3)(4) エタノールの沸点は78℃，水の沸点は100℃である。エタノールと水の混合物を加熱していくと，**エタノールの沸点付近の温度のときには，エタノールの割合が多く，水の割合が少ない液体が出てくる。**その後，温度が上昇して**水の沸点に近づくにつれて，出てくる液体のエタノールの割合が減り，水の割合がふえていく。**また，もともとエタノールは4cm³しかふくまれていないので，最もエタノールを多くふくむのは，温度が低いうちに出てきた液体を集めた1本目の試験管であると考えられる。

　この実験のように，**液体を沸騰させて気体にし，それを再び液体にして集める方法を蒸留**という。蒸留を利用すると，物質の沸点のちがいにより，混合物である液体から純粋な物質をとり出したり，濃度を高めたりすることができる。

3章 身のまわりの現象

❶光の性質

p.52～53　基礎問題の答え

①(1)① b　② c　(2)イ

定期テスト対策

❶光が当たった点を通る反射面に垂直な線が，入射した光とつくる角度を入射角，反射した光とつくる角度を反射角という。

❶光が反射するとき，入射角＝反射角となる。（反射の法則）

②(1) c　(2)ア　(3)ア

解説(1) 境界面に垂直な線が，屈折した光とつくる角度を屈折角という。

(2) 空気中から透明な物体に光が入射するときには，入射角＞屈折角となる。

③① ウ　② イ　③ ウ

解説① 光の反射なので，入射角＝反射角となる。

② 境界面に垂直に入射した光は，直進する。

③ 透明な物体から空気中に光が出ていくときには，入射角＜屈折角となる。

④(1) B　(2) 同じ。

解説(1) 鏡で反射した光が目に入ってくるので，鏡の奥に物体があり，そこから光が進んできたように見える。

(2) 鏡にうつる像は，実物と同じ大きさである。

⑤① イ　② ウ　③ イ

解説① 凸レンズの光軸に平行な光は，反対側の焦点を通るように進む。

② 凸レンズの中心を通る光はそのまま直進する。

③ 凸レンズの手前で焦点を通る光は，光軸に平行に進む。

⑥① **実像**　② **虚像**

解説① 物体が凸レンズの焦点の外側にあるとき，物体から出て凸レンズで屈折した光が集まって上下左右が逆向きの実像ができる。

② 物体が凸レンズの焦点の内側にあるとき，実像はできないが，凸レンズを通して物体が同じ向きに大きく見える。これを**虚像**という。

1 (1) 右図
(2) **B，D，E**
(3) **虚像**

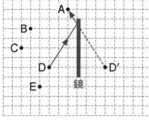

解説 (1) Dの鏡の面に対して線対称な位置(**D′**)から光が進んでくるように見える。
(2) 各点について，鏡に対して線対称な点とC点を結ぶ直線が鏡と交わらない場合には，見えない。

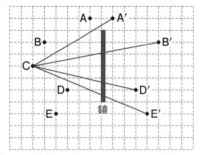

(3) 実像は光が集まってできる像で，必ず上下左右が逆になる。虚像は，光が集まっているわけではないが，目で見た場合に，そこから光が出ているように見える像である。鏡にうつった像のように左右が逆になっているものもあるが，上下は逆にならない。

2 (1) 屈折光…**カ** 反射光…**ア**
(2) 屈折光…**エ** 反射光…**ア**
(3) ① **屈折光** ② **全反射**

解説 (1)(2) 光の反射では，常に入射角＝反射角となる。
(3) 反射の法則から，入射角＝反射角となるような反射光がつねにある。一方，屈折光は，入射角がある大きさ以上になるとなくなる。このとき光は境界面で全部反射する。これを**全反射**という。ただし，空気からガラスや水へ光が入るときには，全反射は起こらない。

定期テスト対策
❶空気中から透明な物体に光が入射するときには，入射角＞屈折角となる。
❶透明な物体から空気中に光が出ていくときには，入射角＜屈折角となる。

3 (1) **エ** (2) **イ** (3) **ウ，オ**

解説 (1) 光が空気からガラスへ進むときの屈折(入射角＞屈折角)をした後，ガラスから空気へ進むときの屈折(入射角＜屈折角)が続けて起こる。
(2) 目に入ってくる光の延長線上に物体があるように見えるので，ガラスを通して見た鉛筆は左にずれて見える。
(3) **ア**は光の反射，**イ**は光の直進，**ウ**と**オ**は光の屈折，**エ**は全反射である。

1 ①〜④ 下図

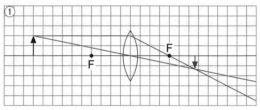

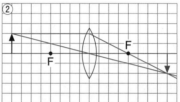

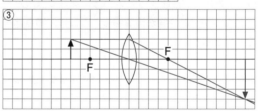

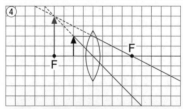

定期テスト対策
❶次の3つの光のうちの2つを使えば，像が作図できる。
①光軸に平行で凸レンズの反対側の焦点を通る光
②凸レンズの中心を通る光
③焦点を通って光軸に平行に進む光

2 (1) (光の)屈折　(2) ウ
　　(3) ① 凸レンズから遠い。　② 大きい。
　　　　③ エ
　　(4) ① 同じ。　② 大きい。

解説 (2) 実像なので倒立(上下左右が逆)にうつる。
(3)①② A点は，焦点の外側なので実像がうつる。
凸レンズと物体が近いほど，実像がうつるスクリーンの位置は遠くなるが，うつる像は大きくなる。
③ 凸レンズを通る光の量が半分になるので暗くなる。
(4) B点は，焦点の内側なので実像がうつらず，凸レンズを通して虚像が見える。虚像は正立で，物体より大きく見える。

3 (1) 凸レンズで，紙に日光が一点に集まるようにしたときの，凸レンズと紙の距離が焦点距離である。
　　(2) 15.0 cm

解説 (2) 焦点距離の2倍の位置に物体があるとき，凸レンズとスクリーンの距離と，凸レンズと物体の距離が等しくなり，実像は物体と同じ大きさになる。

4 (1) 図1…虚像　図2…実像
　　(2) 図1…ウ　図2…ア

解説 (1) 図1は近くの物体が正立で見えているので虚像，図2は遠くの景色が倒立して見えているので実像である。
(2) 物体が焦点の内側にあるときには虚像，物体が焦点の外側にあるときには実像が見える。

❷ 音の性質

p.60〜61　基礎問題の答え

1 (1) 音源[発音体]　(2) 波[振動]
　　(3) ア，イ，ウ　(4) イ

解説 (2) ブザーの振動は，空気中を波として伝わり，耳にまで伝わって鼓膜を振動させている。
(3) 真空中では振動するものがないので，振動が伝わらず，音は伝わらない。
(4) びんの中の空気を抜いていくと，音を伝える空気が少なくなるので，音がしだいに聞こえなくなる。

定期テスト対策
●音は，物体が振動することによって発生する。この振動が波として伝わることで，音が伝わる。
●振動して音を発する物体を，音源という。
●音は，気体，液体，固体中を伝わり，真空中では伝わらない。

2 (1) ア　(2) イ　(3) エ

解説 (1) 速さ340 m/sの音が40 mの距離を伝わる時間を求める。
　40 m÷340 m/s＝0.11…≒0.1より　0.1 s
(2) 声が山に達してから，もどってくるまでの時間が5秒なので，Cさんと山との距離は，音が5秒で進む距離の半分である。
　340 m/s×5 s÷2＝850 m
(3) 光が伝わる速さは，音とくらべると非常に速い(約30万km/s)ので，光が伝わるのにかかった時間は0秒と考えてよい。
　340 m/s×2 s＝680 m

3 (1) c　(2) b　(3) ウ　(4) ア

定期テスト対策
●音源の振幅が大きいほど，音は大きい。
●振動数は，音源が一定時間に振動する回数。振動数が多いほど，1回の振動にかかる時間は短い。
●音源の振動数が多いほど，音は高い。

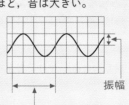
1回の振動にかかる時間　振幅

13

4 (1) A (2) A (3) b

解説 (1)(2) 振幅が大きいほど，音は大きい。弦を強くはじくほど，振幅は大きくなる。

(3) 木片を b の向きに動かすと，弦は短くなって振動数が多くなり，音が高くなる。

p.62〜63 **標準問題**の答え

1 (1) **1.46秒** (2) **342 m/s**

(3) **できるだけ正確な値を求めるため。**

解説 (1) (1.47 + 1.44 + 1.46 + 1.47 + 1.48) ÷ 5
= 1.464 ≒ 1.46 s

(2) 500 m ÷ 1.46 s = 342.4… ≒ 342 より　342 m/s

(3) 1回ごとの測定値にはずれ(誤差)がある。数回測定して平均を求めれば，より正確な値を求めることができる。

2 (1) **F** (2) **C** (3) **C，D** (4) **F**

解説 A〜F を音の高い順に並べると，B＝E，A＝C＝D，F となる。また，音の大きい順に並べると，D，B，A＝F，E，C となる。

3 (1) ① **0.006秒** ② **167 Hz**

(2) ① **高くなる。** ② **多くなる。**

③ **a…短くなる。　b…変わらない。**

(3) ① **大きさ…変わらない。　高さ…低くなる。**

② **振幅…変わらない。　振動数…少なくなる。**

③ **a…長くなる。　b…変わらない。**

解説 (1)① 弦が1回振動するのにかかる時間は6目盛り分であり，1目盛りは1000分の1秒なので，

$\dfrac{1}{1000} × 6 = 0.006$ 秒

② 1回振動するのにかかる時間が 0.006 秒なので，1秒間に振動する回数は，

1 ÷ 0.006 = 166.6… ≒ 167 より　167 Hz

定期テスト対策

❶ Hz(ヘルツ)は，1秒間に振動する回数。

(2) おもりの数をふやすと弦は強くはられるので，**振動数は多くなり，音が高くなる。**弦をはじく強さは同じなので，振幅は変わらず，音の大きさは変わらない。

(3) 弦を太くすると，振動数は少なくなり，**音が低くなる。**弦をはじく強さは同じなので，振幅は変わらず，音の大きさは変わらない。

p.64〜67 **実力アップ問題**の答え

1 (1) **B** (2) **30°** (3) **F** (4) **ア** (5) **全反射**

2 (1) **B** (2) **青，黄** (3) **25 cm** (4) **虚像**

3 (1) **実像** (2) **ウ** (3) **ウ**

(4) **20 cm** (5) **下図**

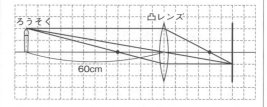

(6) **もとのろうそくよりも大きく，同じ向き。**

4 (1) **476 m** (2) **0.9秒後**

5 (1) **振幅** (2) ① **X，Z** ② **Y，Z**

(3) **低い。** (4) **X**

6 (1) **弦 PQ が長いほど音は低く，短いほど音は高くなる。** (2) **シ**

(3) ① **変わらない。** ② **少なくなる。**

③ **低くなる。** ④ **変わらない。**

(4) ① **大きくなる。** ② **変わらない。**

③ **変わらない。** ④ **大きくなる。**

(5) **弦のはり方を強くした。**

(6) ① **秒** ② **回**

解説 1 (1)(2) 光が物体に当たってはね返ることを光の反射といい，**光が当たる面に垂直な線と入射光，反射光との間にできる角度**をそれぞれ入射角，反射角という。光が反射するときには，必ず**入射角＝反射角**となる(**反射の法則**)。図1では，入射光と鏡の面との間にできる角度が 60° なので，入射角は 30° であり，これが反射角の角度でもある。

(3)(4)(5) 異なる物体の境界面で光が折れ曲がって進む現象を光の**屈折**といい，物体の境界面に垂直な線と屈折光との間にできる角度を屈折角という。光が**空気中から水などの中に進むときには入射角＞屈折角**となり，光が**水などの中から空気中に進むときには入射角＜屈折角**となる。光が水などの中から空気中に進んでいく場合には，入射角が大きくなると屈折角が 90° に近づいていき，入射角がさらに大きくなると**屈折が起こらなくなり，すべての光が境界面で反射する**ようになる。この現象を全反射といい，光通信を行う**光ファイバー**などに利用されている。

2 (1) 鏡にうつる像は，鏡の面に対して，青の鉛筆と線対称な位置である。

(2) それぞれの鉛筆について，鏡に対して線対称な位置とOの位置を結ぶ直線が鏡と交われば，Oの位置から見える。青と黄の鉛筆からの光は，鏡の面で反射してOの位置に届く。

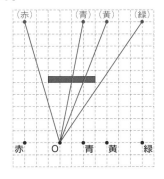

(赤) (青) (黄) (緑)

赤　O　青　黄　緑

(3) 赤と緑の鉛筆からの光が，鏡の面で反射してOの位置に届くようにすれば，すべての鉛筆の像が見えるようになる。赤の鉛筆が見えるようにするには，鏡を左に0.5マス(=2.5cm)広げればよく，緑の鉛筆が見えるようにするには，鏡を右に0.5マス(=2.5cm)広げればよい。よって，鏡全体の幅は，

　　$4×5+2.5+2.5=25cm$

(4) 像には，凸レンズなどを通った光が集まってできる実像と，光が集まっていないが，そこから光が出ているように見える虚像がある。鏡にうつった像は，光が集まっていないので，虚像の一種である。

3 (1)(2) ついたてにうつった像は，凸レンズを通った光が集まってできる像なので，実像である。実像ができるとき，光は凸レンズで屈折して，凸レンズの中心に対して点対称な位置に集まるので，実像は，上下と左右が逆になる。

(3)(4)(5) 凸レンズを通る光の道すじは，次の①～③のようになる。①凸レンズの光軸に平行に入った光は，屈折した後，焦点を通るように進む。②凸レンズの中心を通った光は，そのまま直進する。③凸レンズの焦点を通ってから凸レンズに入った光は，屈折した後，光軸に平行に進む。

　実像がはっきりうつる位置は，下の図のように①～③が交わる位置で，実像の大きさも下の図からわかる。また，焦点は下の図のF，F′である。

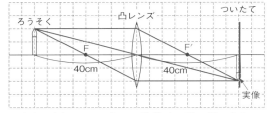

ろうそく　凸レンズ　ついたて

F　40cm　F′　40cm　実像

　なお，(5)でのついたての位置は，①～③のうちの2つをかけばわかる。

(6) 凸レンズに実像ができないときに，ついたての側から見える像を虚像という。凸レンズでの虚像は，物体よりも大きく見え，正立である。

4 (1) 光の速さは約30万km/sと非常に速いので，上空で打ち上げ花火が開いた瞬間にAさんに見える。したがって，音が伝わるのに1.4秒かかったと考えてよい。打ち上げ花火が開いた場所からAさんのいる場所までの距離は，

　　$340m/s×1.4s=476m$

(2) 300mの距離を，速さが340m/sである音が伝わる時間を求める。

　　$300m÷340m/s=0.88…≒0.9$より　0.9秒

5 (1) 振幅は，もとの位置からの振動の幅を表す。もとの位置は，振動の波の山と谷の中間である。

(2)① 音の高さは振動数(音源が一定時間に振動する回数)によって決まるので，山から山や谷から谷の時間が等しい2つを選べばよい。

② 音の大きさは振幅(音源が振れる幅)によって決まるので，振動の波の山の高さが等しい2つを選べばよい。

(3) 音源の振動数が多いほど音は高いので，音さXと音さZは音さYよりも音が低い。

(4) 音さZをたたくと，まず音さZが振動し，その振動が空気に伝わって空気が同じ振動数で振動する。すると，その空気の振動が同じ高さで鳴る音さXを振動させ，音さXが鳴りだす。このように，ある音源が，自分が出す音と同じ高さの音を受けて振動し始める現象を，共鳴という。

6 (2) 音が高いほど，振動数は多いので，振動数はドが最も少なく，シが最も多い。

(3) 弦を太いものに変えたとき，弦の振幅(振れる幅)は変わらず音の大きさは変わらないが，振動数(弦が一定時間に振動する回数)は少なくなるので，音は低くなる。

(4) 弦を強くはじいたとき，弦の振動数は変わらず音の高さは変わらないが，振幅が大きくなるので，音は大きくなる。

(5) 弦のはり方を弱くすると，振動数が少なくなって音は低くなり，弦のはり方を強くすると，振動数が多くなって音は高くなる。

(6) ヘルツ(Hz)は，1秒間あたりの振動数を示す単位である。振動数は周波数とよばれることもあり，音だけでなく電流や電波などについても用いられる。

❸ 力のはたらき

p.70〜71 基礎問題の答え

1 A…イ B…ア C…ウ D…ア

解説 Aでは，手がばねを引く力がはたらくことで，ばねの形が変わっている。Bでは，ボールをラケットで打ち返す瞬間に，ラケットからボールに力が加わることで，ボールがとんでいく方向が変わっている。Cでは，手からかばんに力が加わることで，かばんをもち上げ，落ちないように支えている。Dでは，手から動いている台車に力が加わり，台車の動きを止めている。動いているものが止まるのも，動きの変化の1つである。

2 (1) **2N** (2) **8cm** (3) **3N**
　(4) **フックの法則**

解説 (1)(2) 100gの物体にはたらく重力の大きさを1Nとしているので，200gのおもりには2Nの重力がはたらく。このおもりをつるしたとき，10cmのばねが14cmにのびているので，2Nの力で4cmのびている。よって，4Nの力では8cmのびる。
(3) ばねののびが6cmのときのばねを引く力をx〔N〕とすると，$2 : x = 4 : 6$　　$x = 3$N

定期テスト対策

❶ばねののびは，ばねを引く力の大きさに比例する。これを**フックの法則**という。

---

3 ①

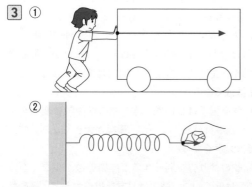

②

解説 矢印を使って力を表すときには，**作用点**(力のはたらく点)，**力の向き**，**力の大きさ**という，3つの要素を示す矢印をかく。2Nの力を1cmの長さで表すので，6Nの力は3cm，1Nの力は0.5cmの長さである。

---

4 (1) **B** (2) **A** (3) **ウ**

解説 (1)(2) Aでは逆方向に1Nの力で引いているが，2つの力が一直線上にないので，つり合っていない。したがって，指を離すと，厚紙が動く。
(3) アは，2つの力の大きさは等しいが，向きが反対ではない。また，2つの力が一直線上にない。イは，2つの力が一直線上にあり，向きが反対であるが，大きさが等しくない。

5 (1) **2N** (2) 名称…**垂直抗力** 大きさ…**2N**
　(3) **摩擦力**

解説 (2) 本にはたらく重力と垂直抗力はつり合っているので，大きさが等しい。

---

p.72〜73 標準問題1の答え

1 (1) **A…ウ B…ア C…イ**
　(2) **弾性力** (3) **磁力** (4) **摩擦力**

解説 Aでは，手が輪ゴムを引く力がはたらき，輪ゴムが変形している。また，変形した輪ゴムがもとの形にもどろうとする力(**弾性力**)もはたらいている。Bでは，鉄のくぎと磁石の間に引き合う力(**磁力**)がはたらき，鉄のくぎが下に落ちなくなっている。Cでは，そりと雪がふれ合う部分で，そりの動きをさまたげようとする力(**摩擦力**)がはたらいている。

2 (1) **重力** (2) **ニュートン** (3) **0.05N**
　(4) **17.2cm** (5) **イ**

解説 (3) 10gのおもりをつるすと2cmのびるので，1cmのばすのに必要な力は，$0.1N \div 2 = 0.05N$
(4) ばねののびは，$(0.46N \div 0.05N) \times 1cm = 9.2cm$
したがって，ばねの長さは，$9.2 + 8 = 17.2cm$
(5) 月面上の重力の大きさは，地球上の約6分の1倍である。

3 (1) **0.2N** (2)(3) **下図** (4) **比例している。**
　(5) **A…12cm B…6.0cm** (6) **A** (7) **50g**
　(8) **1.5N**

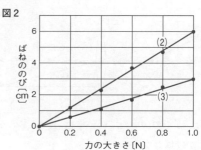

図2

16

解説 (2)(3) 測定した値を示す点を折れ線で結ぶのではなく，**各点のなるべく近くを通る直線**をかく。

(5) 200gのおもりをつるすと，ばねは2Nの力で引かれる。1Nの力で引いたときのばねA，Bののびは6.0cm，3.0cmなので，2Nの力で引いたときのばねA，Bののびは12.0cm，6.0cmである。

(7) 12cmのばねAが15cmになっているので，のびは3cmである。おもり5個(100g)では6cmのびるので，x〔g〕の物体をつるして3cmのびるとすると，

$$100 : x = 6 : 3 \qquad x = 50\,g$$

(8) ばねAには，箱にはたらいた**摩擦力と同じ大きさの力**が加わっていて，それによって9cmのびている。ばねAは，1Nの力で6cmのびるので，y〔N〕の力で引いたときののびが9cmだとすると，

$$1 : y = 6 : 9 \qquad y = 1.5\,N$$

p.74～75 **標準問題2の答え**

1 (1) **重さ** (2) $\dfrac{1}{6}$ (3) **7.2N** (4) **60g** (5) **質量**

解説 (2) 1800Nから $\dfrac{1}{6}$ の300Nになっている。

(3) 1.2Nの6倍の7.2Nとなる。

(4) 月面上の上皿てんびんでは，それぞれの皿にのせた物体にはたらく重力がそれぞれ $\dfrac{1}{6}$ になる。

2 (1) **C** (2) **C** (3) **2倍**

解説 (1) 0.4Nのおもりをつるしたときのばねののびは，図より，Aは4.0cm，Bは2.0cm，Cは1.0cmである。そのため，同じ重さのおもりをつるしたとき，ばねののびが最も小さいのはCである。

(2) ばねが2.0cmのびるときに加えた力は，図より，Aは0.2N，Bは0.4N，Cは0.8Nである。

3 (1) **2.4N** (2) **右図** (3) **C**

解説 (1) 100gの物体にはたらく重力が1Nなので，240gの物体にはたらく重力を x〔N〕とすると，

$$100 : 240 = 1 : x \qquad x = 2.4\,N$$

(2) 重力は，物体全体にはたらくので，**物体の中心を作用点として，1本の矢印で代表させて表す**。2Nで1cmとしているので，2.4Nは，

$$2.4 \div 2 \times 1\,cm = 1.2\,cm$$

4 (1) **1.5N**
(2) **右図**

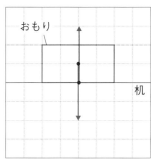

解説 (2) 重力は物体全体にはたらく。この場合，おもりの中心を作用点として，下向きに3目盛り分の矢印で表す。垂直抗力は机からおもりに向かってはたらき，重力と同じ大きさである。

5 (1) **摩擦力**
(2) **右向き**
(3) **20N**
(4) **右図**

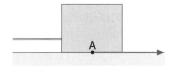

解説 (1) 2つの物体が接している面にはたらく，物体の運動をさまたげるような力を，**摩擦力**という。

(2)(3) 物体を引っぱる力と摩擦力はつり合っているので，向きは反対で，大きさは等しい。

p.76～79 **実力アップ問題の答え**

1 (1) A…ウ B…ア C…イ
(2) ① **しりぞけ合う**
② **引き合う**
③ **磁力**

2 (1) **弾性力** (2) **重力** (3) **右図**

3 (1) **フック(の法則)** (2) **1.5cm**
(3) **1.5N** (4) **B**
(5) ① **0.4N** ② **40g** ③ **イ**
(6) ① **300g** ② **0.5N** ③ **2.5cm**

4 (1) 3 N　(2) 300 g

　　(3) 約 6 分の 1 倍　(4) 300 g

　　(5) 変わらない。

5 (1) 比例の関係　(2) フックの法則

　　(3) 1.3 N　(4) 100 g　(5) 9.0 cm

6 (1) D　(2) 等しい　(3) 反対である。

7 (1) ア　(2) 120 g　(3) 10 cm　(4) 変わらない。

解説 1 Aでは，ボールが壁に当たった瞬間に，壁からボールに力が加わることで，ボールの運動の方向が変わっている。Bでは，手が弓を引く力がはたらくことで，弓の形が変わっている。Cでは，下の磁石と上の磁石の間に，磁石の同じ極どうしがしりぞけ合う磁力がはたらいていて，上の磁石はその力に支えられているため下に落ちない。

2 (2)(3) 重力は，**地球の中心に向かって地球が引っぱる力**であり，地球上の物体のあらゆる部分にはたらくので，**物体の中心を重力の作用点として，1 本の矢印で代表させて表す**。150 gの物体にはたらく重力は1.5Nであり，1 Nを1 cmとしているので，矢印の長さは，1.5 cmとなる。

3 (3) 図1より，ばねを引く力が1.0Nのときのばねののびは5 cmであるから，ばねを引く力がx〔N〕のときのばねののびを7.5 cmとすると，

　　$1.0 : x = 5 : 7.5$　　$x = 1.5$ N

(4) 70 gのおもりには0.7Nの重力がはたらくので，これをつるしたばねAは，図1より3.5 cmのびる。同じおもりをつるしたときのばねBは3.9 cmのびるので，ばねBのほうが変形しやすいといえる。

(5)①② もとの長さが10 cmのばねAが12 cmになったとき，のびは2 cmである。図1より，のびが2 cmになるのは，0.4Nの力で引いたときであるから，物体Xの重さは0.4Nであり，質量は40 gである。

③ 物体XがばねAを引く力の向きは下向きで，**作用点は物体とばねがふれている場所**である。アは物体Xにはたらく重力，ウはばねAが弾性によって物体Xを引く力，エはばねAが天井を引く力である。

(6)① **物体の質量は地球上でも月面上でも変わらない**。

②③ 地球上で300 gの物体Yにはたらく重力は3Nであり，**月面上での重力は地球上の6 分の1 なので**，

　　$3 \div 6 = 0.5$ N

月面上でばねAに物体Yをつるすと0.5Nの力で引かれるので，ばねののびは，図1より，2.5 cmである。

4 (3) 月面上での重力は，地球上の約6 分の1 である。

5 (4) 2 本のばねAののびが5.0 cmで等しいとき，2 本のばねAに加わる力の大きさの合計は，1 本のばねAののびが5.0 cmのときに加わる力の大きさの2 倍になる。図1より，ばねAののびが5.0 cmのときに加わる力の大きさは0.5Nであるから，2 本のばねAに加わる力の大きさは1.0Nである。よって，実験2で用いたおもりの質量は100 gである。

(5) ばねAにもばねBにも0.6Nの力が加わることになる。ばねAに加わる力の大きさが0.1Nのとき，ばねAののびは1.0 cmであることから，このときのばねAののびをx cmとすると，$0.1 : 1.0 = 0.6 : x$　$x = 6.0$ cmとなる。また，このときのばねBののびをy cmとすると，$0.1 : 0.5 = 0.6 : y$　$y = 3.0$ cmとなる。よって，ばねAとばねBののびの合計は，$6.0 + 3.0 = 9.0$ cmとなる。

6 (2)(3) 2 つの力がつり合う条件は，①2 つの力の大きさが等しい，②2 つの力の向きが反対，③2 つの力が同一直線上ではたらくときである。

7 (1) 同じ物体に加わる2 つの力がつり合うためには，2 つの力の大きさが等しい・2 つの力が一直線上にある・2 つの力の向きが反対である，の3 つの条件を満たす必要がある。ア，イ，ウはこの3 つの条件を満たしているが，「おもり」にはたらいている力はアのみである。

(2) ばねを上に向かって引くと，ばねがおもりを引いた力の分だけ，台はかりにはたらく力の大きさは小さくなる。図2より，ばねののびが2 cmのとき，ばねがおもりを引く力の大きさは0.3Nとなる。よって台はかりにはたらく力の大きさは$1.5 - 0.3 = 1.2$Nより，台はかりの示す値は120 gである。

(3) 台はかりにはたらく力の大きさが0Nのとき，おもりにはたらく重力はすべてばねにはたらくことからばねにはたらく力の大きさは1.5Nである。図2の結果から，力の大きさが1.5Nのときのばねののびは10 cmである。

(4) おもりが台はかりから離れてからは，ばねを上に持ち上げても，ばねにはたらく力の大きさやばねののびは変わらない。

4章 大地の変化

❶火山

p.82〜83 **基礎問題の答え**

1 (1) マグマ (2)① 水 ② 気体 ③ ふえ
(3) エ (4) ウ (5) 火山噴出物

解説 (1) 火山の地下数kmのところには、マグマだまりという、地下深くから上昇してきたマグマがたまっているところがある。
(2) 火山ガスの主成分は水蒸気で、ほかに二酸化炭素や二酸化硫黄、硫化水素などもふくまれる。

2 (1) A (2) C, B, A (3) A

定期テスト対策

❶マグマのねばりけによって、火山の形や噴火のようす、火山噴出物の色が異なる。

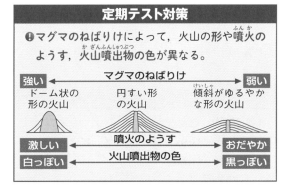

強い	マグマのねばりけ	弱い
ドーム状の形の火山	円すい形の火山	傾斜がゆるやかな形の火山
激しい	噴火のようす	おだやか
白っぽい	火山噴出物の色	黒っぽい

3 (1) 火成岩 (2) A…石基 B…斑晶
(3) 斑状組織 (4) 等粒状組織
(5) 火山岩…ウ 深成岩…イ

定期テスト対策

❶火成岩は、マグマが冷え固まってできた岩石で、火山岩と深成岩にわけられる。
❶火山岩は、マグマが地表や地表近くで急速に冷え固まってできた火成岩で、斑状組織(石基の間に斑晶が散らばったつくり)をもつ。
❶深成岩は、マグマが地下深くでゆっくり冷え固まってできた火成岩で、等粒状組織(それぞれの鉱物の結晶が同じくらい成長したつくり)をもつ。

4 (1) A…ウ B…ア C…カ D…イ
E…エ F…オ (2) A (3) F

解説 (2)(3) 無色鉱物は無色や白色の鉱物であり、有色鉱物は黒っぽい色の鉱物であるため、無色鉱物を多くふくむほど白っぽくなり、有色鉱物を多くふくむほど黒っぽくなる。

p.84〜85 **標準問題の答え**

1 (1) B (2) おだやかになる。 (3) 弱い。

解説 (1)(2) 水を多めに加えたホットケーキミックスはねばりけの弱いマグマ、水を少なめに加えたホットケーキミックスはねばりけの強いマグマのモデルである。マグマのねばりけが弱いと、溶岩が火口から遠くまで流れてうすく広がるので、すそ野の広い、横に広がった形の火山になる。

2 (1)① ア ② 有色鉱物 (2) ウ (3) ウ

解説 (1)② 無色や白色の粒が無色鉱物であり、それ以外の粒は有色鉱物である。
(2) 磁石につくのは、磁鉄鉱である。磁鉄鉱は黒色の鉱物で、細かい粒になったものは砂鉄ともよばれる。

3 (1) 斑晶 (2) 多くなる。
(3) 地表や地表に近いところ。
(4) 火山岩 (5) イ, ウ, オ

解説 (1)(2)(3) 斑状組織の斑晶は、マグマが地下深くにあったときから、すでに結晶として成長していたものである。ここでマグマが上昇して急に冷えれば、結晶になれなかったり、じゅうぶんに成長できなかったりした成分が石基となる。また、マグマがそのままマグマだまりなどでゆっくり冷えれば、結晶がさらに成長して等粒状組織になる。
(4)(5) 火成岩のうち、斑状組織をもつものは火山岩であり、無色鉱物の割合が多いものから順に、流紋岩・安山岩・玄武岩とよばれる。

4 (1) A…安山岩 B…玄武岩
C…花こう岩 D…斑れい岩
(2) エ (3) ア, カ (4) イ (5) A

解説 (1)(2) 火成岩のうち、等粒状組織をもつものは深成岩であり、無色鉱物の割合が多いものから順に、花こう岩・閃緑岩・斑れい岩とよばれる。
(3)(4)(5) 無色鉱物は石英と長石であり、それ以外の黒雲母、角閃石、輝石、カンラン石は有色鉱物である。火成岩や火山噴出物は、無色鉱物の割合が多いと白っぽくなり、有色鉱物の割合が多いと黒っぽくなる。また、無色鉱物が多いほど、マグマのねばりけは強い。

❷ 地震

p.88〜89 基礎問題の答え

1 (1) 震源　(2) 震央　(3) 隆起　(4) 沈降

解説 (3)(4) 地震のとき以外にも，少しずつ隆起（大地の上昇）や沈降（大地の下降）が起きることもある。

2 (1) A…初期微動　B…主要動
(2) P波…イ　S波…ウ
(3) P波…8km/s　S波…4km/s

解説 (3) P波とS波の速さはそれぞれ，
$\frac{80}{10}=8$km/s，$\frac{80}{20}=4$km/s

定期テスト対策
❶P波が伝える小さなゆれを初期微動という。
❶S波が伝える大きなゆれを主要動という。
❶地震のゆれの速さ〔km/s〕
$=\dfrac{震源からの距離〔km〕}{地震が発生してから地面のゆれが始まるまでの時間〔s〕}$

---

3 (1) ア　(2) エ　(3) 小さくなる。　(4) D

定期テスト対策
❶震度は，ある地点での地面のゆれの程度。
❶マグニチュードは地震の規模の大きさ。

---

4 (1) プレート　(2) 図1…ア　図2…エ
(3) 図2　(4) 断層　(5) 活断層

解説 地震は，**海洋プレート（B）が大陸プレート（A）の下に沈みこんでいる境界**で発生しやすい。

p.90〜91 標準問題1 の答え

1 (1) イ　(2) 比例関係　(3) 7km/s
(4) 4km/s　(5) 16時13分30秒

解説 (1) 回転ドラムは地震のゆれと同じように動くが，ペンはばねでつり下げたおもりについていて，地震でゆれても動かないので，地震の波形が記録される。
(2) 初期微動継続時間は，**初期微動（小さなゆれ）が始まってから主要動（大きなゆれ）が始まるまでの時間。**
(3) 初期微動を起こした波（P波）は，100km地点から300km地点までを約27秒で伝わっているので，

（P波の速さ）$=\frac{200}{27}=7.4\cdots \div 7$ より　7km/s

(4) 主要動を起こした波（S波）は，100km地点から300km地点までを約53秒で伝わっているので，

（S波の速さ）$=\frac{200}{53}=3.7\cdots \div 4$ より　4km/s

(5) 右の図のように，初期微動の開始時刻と主要動の開始時刻を延長すると，地震の発生時刻で距離が0になる。ゆれが伝わるのにかかった時間を，波の速さから計算してもよい。

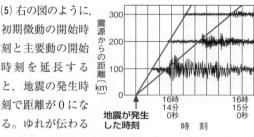

2 (1) A…10秒　B…30秒　(2) 約3倍

解説 **初期微動継続時間は震源からの距離に比例し，**初期微動継続時間はA地点では10秒，B地点では30秒であるから，
$30 \div 10 = 3$倍

3 (1) 20秒
(2) 20秒
(3) 右図
(4) P波…8km/s
S波…4km/s
(5) 35秒後
(6) イ
(7) 37.5秒　(8) 360km

解説 (1) A地点では，地震が発生してから20秒後にS波が伝わり，主要動が始まっている。
(2) B地点では，地震が発生してから20秒後にP波が伝わって初期微動が始まり，40秒後にS波が伝わって主要動が始まっている。つまり，初期微動継続時間は，
$40-20=20$秒
(4) P波は10秒間に80km，S波は20秒間に80kmを伝わっているので，それぞれの速さは，
P波：$\frac{80}{10}=8$km/s，S波：$\frac{80}{20}=4$km/s
(5) P波は，1秒間に8km伝わるので，280km伝わるのにかかる時間は，
$\frac{280}{8}=35$秒
(6) P波は1秒間に8km，S波は1秒間に4km伝わるので，120km伝わるのにかかる時間は，

20

P波：$\dfrac{120}{8}=15$秒，S波：$\dfrac{120}{4}=30$秒

したがって，初期微動が地震発生の15秒後に始まり，主要動が30秒後に始まる。

(7)(8) 震源からの距離が80kmの地点の初期微動継続時間が10秒であるから，震源から300km離れた地点での初期微動継続時間をx〔秒〕とすると，

$80:300=10:x$　　$x=37.5$秒

また，初期微動継続時間が45秒になる地点の震源からの距離をy〔km〕とすると，

$80:y=10:45$　　$y=360$km

4 (1) 右図
(2) D
(3) Y，X，Z

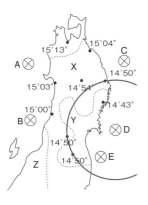

解説 (1) ゆれ始めの時刻が同じ地点を結ぶと，震央を中心とする同心円になるので，同じ時刻の地点を通るような円の一部をかけばよい。
(3) 震央から離れるほど，震度は小さくなる。

p.92～93 標準問題2の答え

1 (1) A (2) ① 広 ② 広い
(3) イ (4) 浅いとき。 (5) 液状化(現象)

解説 (3) 震度は，震度5と6がそれぞれ弱と強にわけられ，0～7の10階級になっている。

2 (1) ウ (2) イ (3) 津波 (4) 海底

解説 (1)(2) 海洋プレートが大陸プレートの下に沈みこんでいるため，プレートの境界に巨大な力がはたらき，地下の岩石が破壊されて地震が起こりやすい。

3 (1) A…エ B…イ C…ウ D…ア
(2) A，B (3) b (4) d (5) 海溝 (6) 隆起

解説 (1)～(5) 日本付近では，海洋プレート(C，D)が大陸プレート(A，B)におしよせてきていて，海溝で沈みこんでいる。
(6) プレートの境界で変形した大陸プレートが，隆起してもとにもどるときに，大きな地震が発生する。

❸ 地層

p.96～97 基礎問題の答え

1 (1) 風化 (2) 侵食 (3) 運搬 (4) a
(5) 小さくなる。

解説 (4)(5) れきは直径2mm以上，砂は直径0.06mm～2mm，泥は直径0.06mm以下の岩石などの粒で，粒が小さいほど，河口から離れた場所に堆積する。

2 (1) A…泥岩 B…砂岩 C…石灰岩
D…凝灰岩 (2) ウ (3) 火山の噴火

定期テスト対策

● 泥岩・砂岩・れき岩は，おもな堆積物が泥・砂・れきである堆積岩で，粒の大きさで区別される。
● 石灰岩・チャートは，おもに生物の死がいなどが固まった堆積岩。石灰岩はうすい塩酸をかけると二酸化炭素が発生し，チャートは非常にかたい。
● 凝灰岩は，おもに火山噴出物(火山灰や軽石など)が固まった堆積岩。

3 (1) X…ア Y…イ (2) 示準化石
(3) 地質年代 (4) やや寒い気候だった。
(5) 示相化石

定期テスト対策

● 地層ができた当時の環境を推定する手がかりになる化石を示相化石という。
● 地層ができた時代(地質年代)を推定する手がかりになる化石を示準化石という。

4 (1) しゅう曲 (2) a，d (3) 断層
(4) 引く力

解説 (3)(4) 地層に力が加わってずれたものを断層といい，力の加わり方によって断層の形は異なる。

p.98～99 標準問題1の答え

1 (1) C (2) ウ (3) ウ

解説 (1)(2) 粒が小さいものは沈みにくく，遠くまで運ばれやすいので，沖合の深い海底に積もる。
(3) 図1のような，れき・砂・泥の堆積が3回くり返されたようすだと考えられる。

2 (1) ア，ウ　(2) 泥岩の層　(3) エ

解説 (1) 石灰岩は，炭酸カルシウムが主成分である
貝殻やサンゴの死がいなどからなり，うすい塩酸を
かけると二酸化炭素が出る。イとエはチャートの特徴。
(3) れきより砂のほうがより深い海底で堆積するの
で，海底がより深くなったと考えられる。

3 (1) ア…泥岩　イ…砂岩　ウ…凝灰岩
　　 エ…れき岩　(2) 凝灰岩の層
　　 (3) b→c→a　(4) イ　(5) ウ

解説 (1) 凝灰岩の粒は流水によって運ばれたもので
はないので，丸みがなく，角ばっている。
(2)(3) 凝灰岩の層はすべての地点でつながっている
と考えられるので，凝灰岩の層よりどの程度上か下
かによって，層のできた順序がわかる。
(4)(5) 実際の層の位置関係を示すように，B地点の柱
状図を10m分下にずらして見くらべればよい。B地
点とC地点の凝灰岩の層は同じ高さで，A地点では
約10m低いので，西へと地層が傾いているといえる。
　また，P地点の地表から5mの深さの位置は，B
地点の地表から15mの深さの層にあたる。

p.100〜101 標準問題 2 の答え

1 (1) 中生代　(2) A…イ　B…エ　C…ウ
　　 (3) ア，ウ

解説 (3) 示準化石となるのは，限られた期間にだけ
広範囲に栄えた生物の化石である。

2 (1) A…イ　B…エ　C…ア　(2) C

解説 (2) しゅう曲は波打つように地層が曲がったも
ので，大きく曲がれば上下が逆転することもある。

3 (1) 海岸段丘　(2) ① 沈降　② 侵食　③ 隆起

解説 日本付近には2つの大陸プレートと2つの海洋
プレートの境界があり，プレートの沈降と隆起がよ
く起きるため，海岸段丘ができやすい。

4 (1) 火山の噴火　(2) エ
　　 (3) イ→ウ→キ→エ→オ→カ→ア

解説 (2) サンゴの化石は，地層ができた当時，あたた
かくて浅い海だったことを示す，代表的な示相化石
である。
(3) B，C，Dの層が順番に堆積したあと，しゅう
曲などにより地層がななめになり，侵食された後に
Aの層が堆積したと考えられる。

❹ 自然の恵みと火山災害・地震災害

104〜105 基礎問題の答え

1 (1) マグマ　(2) ① 溶岩　② 火山灰
　　 (3) ハザードマップ　(4) エ

解説 (1)(2) 火山噴出物は，マグマがもとになってで
きたもので，溶岩，火山灰，火山ガス，火山弾など
がある。
(4) 石油は，大昔の動植物の死がいなどが長い間に
変化してできたもので，化石燃料の1つである。

2 (1) 震源　(2) マグニチュード　(3) 震度
　　 (4) 津波

解説 (2) マグニチュードの値が1増えると，地震の
エネルギーは約32倍にもなる。
(4) リアス海岸では津波の被害が特に大きくなりや
すい。

定期テスト対策

❶地震が発生した地下の場所を震源といい，震源
の真上の地表の地点を震央という。
❷震度は，地震のゆれの程度を表す階級である。
0〜7まであり，震度5と6はそれぞれ強・弱
に分けられ10階級となっている。
❸マグニチュードは，地震によって放出されるエ
ネルギーの大小を表す尺度である。

3 (1) プレート　(2) R　(3) X　(4) イ

解説 (3) 震源は，海洋プレートが大陸プレートの下
に沈みこむ海溝の周辺部に集中している。
(4) 扇状地は，流水の堆積作用によってつくられる
地形である。

4 (1) 初期微動　(2) S波　(3) 3.5km/s
　　 (4) 緊急地震速報

解説 (3) 105kmの距離を45−15＝30秒かけて進んで
いることから，S波が伝わる平均の速さは，105÷
30＝3.5km/sとなる。
(4) 緊急地震速報は，気象庁が，最大震度5弱以上
の地震が発生すると予想された場合に，地震につい
ての情報を発表するものである。

定期テスト対策

❶初期微動はP波によって伝えられる，はじめに起こる小さなゆれのことである。

❷主要動は初期微動のあとにS波によって伝えられる，大きなゆれのことである。

❸初期微動がはじまってから主要動がはじまるまでの時間を初期微動継続時間といい，震源からの距離に比例する。

---

p.106～107 標準問題の答え

1 (1) ア　(2) ウ

解説 (1) 本列島付近には4つのプレートが集まっており，海洋プレートが大陸プレートの下に沈みこんでいる。地震は，海洋プレートが大陸プレートの下にもぐりこんで，大陸プレートが海洋プレートに引きずりこまれてできるひずみに耐えきれなくなり，元の状態に戻ろうとするときに起こる。

2 (1) 主要動　(2) **6km/s**　(3) イ　(4) ウ

解説 (2) 図2中のP波を示したグラフより，P波は120kmの距離を進むのに20秒かかっていることがわかる。

(3) 震源から120kmのA地点にP波が伝わったのが16時43分13秒なので，地震の発生時刻はその20秒前の16時42分53秒である。

(4) 図2から，震源から30kmの地点にP波が伝わったのは地震発生時から5秒後とわかる。震源からA地点にS波が到達するまで35秒かかっているので，S波が伝わったのは，緊急地震速報が出されてから，35 − (5 + 4) = 26秒後である。

3 (1) しゅう曲　(2) エ　(3) イ
(4) 海底(湖底)だったところが隆起したから。
(5) イ→ア→エ→ウ

解説 (2) アを正断層，エを逆断層という。

(5) しゅう曲が見られる層が断層(P−Q)によって切られていることから，しゅう曲後に断層ができた。また，Sの層はRの層よりも下にあるので，Sの層がRの層よりも古い。これらのことから，この地層は，Sの層が堆積→しゅう曲→断層→Rの層が堆積という順に起こったとわかる。

---

4 (1) B　(2) A　(3) ウ　(4) ア

解説 (1)(2) マグマのねばりけと火山の形，噴火のようすは次のようになる。

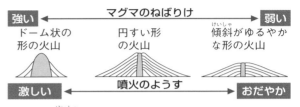

(3) Bの傾斜がゆるやかな火山には，キラウエア，マウナロアなどがある。また，ドーム状の火山には，昭和新山・雲仙普賢岳などがある。

(4) 液状化現象は，地震によって起こる現象である。

p.108～111 実力アップ問題の答え

1 (1) 火成岩　(2) a…斑晶　b…石基
(3) a　(4) A…等粒状組織　B…斑状組織
(5) ① A　② B　(6) A…オ　B…イ
(7) 有色鉱物の割合が少なく，無色鉱物の割合が多いから。　(8) 強い。　(9) エ

2 (1) a…初期微動　b…主要動
(2) a
(3) **3km/s**
(4) イ
(5) 右図
(6) ウ
(7) B
(8) ア，エ

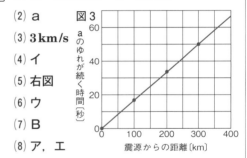

3 (1) 柱状図　(2) 砂岩…エ　凝灰岩…イ
泥岩…ウ　れき岩…オ　石灰岩…ア
(3) 泥岩の層　(4) 古生代　(5) 示準化石
(6) b→c→a　(7) ウ　(8) 泥岩

4 (1) 海溝　(2) 海嶺　(3) A…ウ　B…ア
(4) ア，イ，エ　(5) 4つ
(6) 太平洋プレート，フィリピン海プレート
(7) ① しゅう曲　② 断層　③ X，Z

解説 **1** (1)(5)(6) マグマが冷え固まってできた岩石を火成岩といい，火成岩は火山岩と深成岩にわけられる。火山岩はマグマが地表または地表付近で急速に冷え固まってできた火成岩で，ふくまれる鉱物の割

合によって，**流紋岩**，**安山岩**，**玄武岩**にわけられる。深成岩はマグマが**地下深くでゆっくり冷え固まって**できた火成岩で，ふくまれる鉱物の割合によって，**花こう岩**，**閃緑岩**，**斑れい岩**にわけられる。

(2)(3)(4) 深成岩はマグマがゆっくり冷え固まってできるため，**それぞれの鉱物の結晶が同じくらい成長した等粒状組織をもつ**。また，火山岩はマグマが急速に冷え固まってできるため，**斑晶が石基の間に散らばった斑状組織をもつ**。斑晶は，マグマが地下深くにあったとき，すでに結晶として成長していたものである。石基は鉱物の細かい粒やガラス質の部分で，マグマが急に冷えたために結晶になれなかった部分である。

(8)(9) 花こう岩は安山岩よりも**無色鉱物の割合が多い**ため，花こう岩のもとになったマグマのほうがねばりけが強い。マグマのねばりけが強いと**気体成分がマグマから抜け出しにくく，溶岩が流れにくい**ため，噴火は激しくなり，火山はドーム状の形になる。

2 (1)(2)(3) P波による小さなゆれを**初期微動**，S波による大きなゆれを**主要動**という。**図2**より，S波は**X**から**Z**までの200kmを約66秒で伝わるので，

S波の速さ$= \dfrac{200}{66} = 3.0\cdots3$　よって，3km/s

(4) 図2の**X**，**Y**，**Z**の各地点の初期微動と主要動の開始時刻の点をつないで延長すると，地震が発生した時刻で距離が0kmとなる。また，波の速さからゆれが伝わるのにかかった時間を計算し，ゆれ始めた時刻から引いて求めてもよい。

(5)(6) **初期微動継続時間は震源からの距離に比例する**ので，グラフは原点を通る。このグラフから，初期微動継続時間が25秒になるのは，震源からの距離が約150kmの地点だとわかる。

(7) **X**との距離を1として，**Y**との距離が2，**Z**との距離が3であるような地点を見つける。

3 (3) 砂よりも泥のほうが粒の大きさが小さいので，**泥のほうが沈みにくく**，沖合の深い海底に積もる。

(6) 一般に，下の層ほど古いといえる。地層の並び順を手がかりに考えると，3つの層の上下関係は，下から**b**，**c**，**a**であるといえる。

(7)(8) 実際の層の位置関係を示すように，**P**地点の柱状図を20m分上にずらして見くらべればよい。**P**地点と**Q**地点の各層が同じ高さで，**R**地点では約10m低いので，**南へと地層が傾いている**といえる。また，**X**地点の地表から25mの深さの位置は，**R**地点の地表から45mの深さの層にあたる。

4 (1)(3)(4) 日本付近の海溝では，海洋プレートが大陸プレートの下にもぐりこみながら，大陸プレートを引きずりこんでいるので，**常に海底が沈降している**。大陸プレートの変形が大きくなると，その先端がもとにもどろうとして**急激に隆起し，大きな地震が発生する**ことがある。また，プレートが地下深くまで沈んでいくと，**岩石の一部がとけてマグマができ**，これが上昇することで**火山活動が活発**になる。

(5)(6) 日本付近には2つの海洋プレート（**太平洋プレートとフィリピン海プレート**）と2つの大陸プレート（**ユーラシアプレート**，**北アメリカプレート**）があり，複雑にぶつかり合っている。

②